Hunde verdienen bessere Menschen

Ein Buch über die Pflicht und die Chance des Zusammenlebens mit Hunden

IMPRESSUM

Bilder:
Seite 18: Foto - ATELIER Lorenz
alle weiteren Bilder:
Heiko und Anja Münzner - Marielle Freund

Herstellung und Verlag:
Books on Demand GmbH, Norderstedt

ISBN 9783842300378

Wir widmen dieses Buch all denen,
die viel zu früh aus diesem Leben gegangen sind.

Es gibt keinen Tod,
nur den Wechsel in andere Welten!

DER HUNDEFLÜSTERER

Endlich!

Wer sich auch nur ein wenig für seinen Hund interessiert, mit ihm kommuniziert und auseinandersetzt, wer nicht nur seinem Hund ein hohes Maß an Regeln und Verhaltensweisen aufdiktiert sondern auch reflektiert und die eigene Person überdurchschnittlich stark mit in die Hunderziehung, das Leben mit einem Vierbeiner einbezieht, diejenigen unter Ihnen haben auf dieses Buch sehnsüchtig gewartet.

Heiko Münzner räumt auf mit Schönrednerei in der Hundehaltung und -erziehung, mit Methoden, welche Ihrem Hund kein artgerechtes Dasein ermöglichen, mit zuviel Liebe und Zuneigung UND er wechselt die Perspektive und genau hier unterscheidet sich Münzners Buch von all den anderen „Möchtegern“ - Hunderatgebern, denn es ist nicht der Hund sondern vielmehr der Mensch dahinter, das Herrchen oder Frauchen, welches er in den Mittelpunkt stellt und mit denen er knallhart abrechnet.

Denn, während dem Hundehalter an anderer Stelle ständig vorgekaut wird, wie er den Hund „verändert“, ihn „erzieht“, dreht Heiko Münzner den Spieß (endlich) um und gibt Tipps und Ratschläge, welche er aus seiner langjährigen Berufserfahrung schöpft, an seine Leser weiter um sie wach zu rütteln, sich zu allererst selbst zu fragen: „Wo stehe ich? Wo steht mein Hund? Und wie finden wir optimal zueinander?"

Ein Tier, der Hund, ist immer zu 100% konsequent, das war das Erste, was ich von Heiko Münzner im Umgang mit meinem Hund lernte und das fordert er auch von den Lesern seines Buches und wendet sich knallhart, ehrlich und direkt an sie.

Ich, selbst stolzer Hundebesitzer, weiß wovon ich spreche und hebe Münzner nicht ohne Grund aus der Masse der Tiertrainer und Hundebuchautoren hervor. Denn mit seiner Hilfe, seinen Methoden und Herangehensweisen, ist es mir gelungen eine große Basis zwischen mir und meinem Hund aufzubauen. Heiko Münzner hat mich gelehrt meinen Hund zu verstehen, seine Gedanken und Handlungen nachzuvollziehen und auf der Basis des Verstehens, Hinterfragens und Vertrauens eine optimale Erziehung und Haltung und vor allem Beziehung zu meinem Hund zu ermöglichen.

Mein Hund und ich vertrauen uns blind - weil wir es geschafft haben, Interesse und Respekt füreinander aufzubauen. Ich bin der Rudelchef und mein Hund fühlt sich wohl.

Nur so und nicht anders wird und bleibt der Hund der beste Freund des Menschen!

... Ich gebe nun das einmalige Hörzeichen „Sitz!" und sage: „Fein gemacht Heiko!"

Stefan König, Schauspieler

Stefan König mit“ Pepper“ und Heiko Münzner

Prolog
oder
warum genau dieses Buch noch auf dem Markt gefehlt hat!

Es gibt unzählige Literatur über Hunde. Na so was, warum das denn? Ganz einfach, immer mehr Menschen schaffen sich einen Hund an, und dieser Trend wird sich auch so schnell nicht ändern. Aber damit wächst auch ein anderer Trend. Nämlich der, dass immer mehr Menschen mit ihrem neuen Mitbewohner große Probleme haben. Und dann suchen sie natürlich nach Hilfe und da ist der Griff zu einem Buch, was wirklich hilft, natürlich nahe liegend. Es sei aber folgende Frage erlaubt: Gibt es Literatur, die wirklich hilft bei den Problemen im Alltag? Ein Buch, das von jemandem geschrieben ist, der langjährig in der Praxis ist? Ein Buch, das als Grundlage die Arbeit an tausenden Teams Mensch-Hund hat? Ein Buch, das nach Möglichkeit dann auch noch spannend und unterhaltsam geschrieben ist? Und dessen Inhalt wirkliche Lösungsvorschläge aufzeigt? Und dem am besten noch eine revolutionäre Denkweise zu Grunde liegt? Nein, eindeutig nein!!! So etwas gibt es BIS JETZT noch nicht! Aber AB JETZT gibt es so etwas! Nämlich mit dem hier vorliegenden Werk HUNDE VERDIENEN BESSERE MENSCHEN!

Dieses Buch wird die Nation spalten, denn es ist vor allem eines, brutal ehrlich und direkt. Und bei aller Ehrlichkeit und auch Provokation, so bietet es vor allem auch umsetzbare Ideen zu einem besseren Zusammenleben mit dem Haustier Nr.1. Heiko Münzner nimmt, so wie ihn die Leute bei seiner Arbeit und bei seinen Seminaren kennen, kein Blatt vor den Mund. Doch bei aller Härte seiner Worte, so führen diese Zeilen nicht zuletzt zu einem herzlichen Lächeln! Und sie führen vor allem zu einem, zum Nachdenken! Damit wäre dann auch schon der Grundstein für Veränderungen gelegt.
Dieses Buch bietet aber noch weit mehr, als man von einem „normalen Hundebuch" erwartet. Heiko Münzner nimmt den Hund zur Grundlage für die Arbeit an der eigenen Persönlichkeit. Denn sein Grundsatz ist: „Ändere Dich und das Umfeld Deines Hundes und dann ändert sich Dein Hund!" Uns so liegt es auf der Hand, dass der, welcher sich auf das Abenteuer dieses Buch zu lesen einlässt, anschließend nicht nur ein völlig neuartiges Verhältnis zu seinem Hund hat, sondern wahrscheinlich auch in seinem kompletten Leben beginnt, neue Wege zu gehen! Und genau das ist das Ziel der Autoren!

Inhalt

Nicht noch ein Hundebuch

Oh nein, bitte nicht. Nicht noch ein Hundebuch! Es gibt doch schon soooo unzählig viele. Wie lehre ich meinem Hund „Männchen machen"? Wie hätschle ich mein Hündchen? Wie blase ich ihm Zucker in den Arsch! Wie therapiere ich seine Psychomacken, welche er ohne mich nicht hätte? Wie backe ich ihm Weihnachtsplätzchen? Wie kann ich ihn am besten mit Elektroschockern bearbeiten? Wie kann ich ihn mit Chemiefutter so richtig schön krank machen? Wie klickere ich mit ihm im Alltag, damit alle in meinem Umfeld wissen, dass ich nicht ganz dicht bin! Und vor allem, wie richte ich ihm eine tolle Geburtstagsparty aus? Die Liste der Hundebücher ist doch schon riesig lang, also warum um alles in der Welt noch ein Hundebuch? Ganz einfach, weil, bis auf ganz, ganz, ganz wenige Ausnahmen, beinahe alle Bücher megaextremer Bullshit sind!!! Das ist die Wahrheit und dazu stehe ich! Und ich setze sogar noch einen drauf. Denn ich behaupte, dass es ohne diesen ganzen Verblödungsmist unseren Hunden besser gehen würde, 100%!!! Aber leider darf heutzutage jeder Depp, sogar ich, ein Buch schreiben, eine Zeitung herausgeben, sich Hundepsychologe nennen, eine Fernsehsendung haben oder eine eigene Hundeschule betreiben.

Auf der einen Seite ist das ja auch o.k. so, so ist das Leben, so ist die Marktwirtschaft. Aber das Problemchen bei dieser Geschichte ist, dass diese in der Vielzahl nur Müll verbreiten und letztlich unwissenden, um Rat und um Hilfe suchenden Hundebesitzern, ganz gewaltig ans Bein pissen. Aber die wahren Leidtragenden bei dieser ganzen Angelegenheit sind unsere Hunde! Sie sind es, die in geballter Ladung die Blödheit unserer kranken Gesellschaft abbekommen. Sie sind es, welche letztlich unhundisch und damit unnatürlich behandelt werden. Hunde sind der Spiegel unserer Zeit. Leider ist das die Tatsache. Und obwohl es so wahnsinnig viele Fachleute gibt, die auf alle möglichen Arten und Weisen auf unsere Hunde und ihre Besitzer Einfluss nehmen, sieht die Welt unserer Hunde sehr, sehr traurig aus. Genauso traurig wie unsere Gesellschaft! Und um genau das zu ändern, habe ich mich hinter meinen Laptop gesetzt und dieses Buch geschrieben. Dieses Buch ist die Faust ins Gesicht all derer, die ihren Hund zur Stillung ihrer eigenen Bedürfnisse nutzen. Es ist der Strohhalm für all die, welche darauf gewartet haben, dass ihnen irgendjemand sagt: „Genauso und so musst Du mit Deinem Hund umgehen." Es ist eine duftende Blume in den vollgekoteten (oh wie vornehm) Feldern der Hundemedien. Und es ist eine Chance für all die, die bereit sind, zum Wohle unserer Hunde neue Wege zu gehen. Nicht zuletzt, ist es auch der Tritt in den Allerwertesten, den man von Zeit zu Zeit einfach braucht. Aber im Mittelpunkt steht einfach nur eines, nämlich ein Appell an Sie. An Ihr Verantwortungsbewusstsein gegenüber Ihrem vierbeinigen Freundes. Lassen Sie sich ohne Vorbehalte auf dieses Buch ein und ich verspreche Ihnen, Ihr Hund wird Ihnen im Handumdrehen sprichwörtlich aus der Hand fressen. Gehorsamsprobleme oder gar Verhaltensauffälligkeiten werden ein Fremdwort. Aber darüber hinaus werden Sie merken, dass sich plötzlich noch ganz andere Dinge in Ihrem Leben verändern. Sie werden sich besser fühlen, Menschen suchen Ihre Nähe, Ihr Sex wird besser denn je und Sie sehen viel besser aus als früher. Versprochen!!! Aber eine kleine Warnung muss ich Ihnen dennoch mit auf den Weg geben. Das Buch wird zuerst Sie verändern, dann wird sich Ihr Hund ändern, ja und dann? Dann werden Sie merken, dass Sie Dinge plötzlich anders sehen als früher und dass Sie in sich des Öfteren so einen Würgereiz verspüren. Aber genau da müssen Sie hin und nicht nur Sie. Nein auch Sie, Sie dort drüben, na und Du natürlich auch. Das ist genau der Moment, in dem man beginnt, Dinge, die um einen herum passieren nicht mehr zu akzeptieren. Der erste Schritt zur Veränderung! Wie geil!!! Aber bevor ich Ihnen ganz konkret sage, wie wir das anstellen, will ich Ihnen erst mal verraten mit wem Sie es zu tun haben.

Anja, Heiko und Holly mit Hündin „Luna“

Biographie

oder

Heiko, wie er leibt und lebt

Eigentlich sollte ich am 10. Dezember 1972 zur Welt kommen. Doch hallo!? Wer hat sich das denn ausgedacht? Eigentlich sollte es doch bereits damals ausreichend bekannt gewesen sein, dass, wenn man zu Ostern mit den Eiern spielt, man zu Weihnachten die Bescherung hat. Doch nicht mit mir! Ich hatte mir so für meinen ersten Auftritt auf diesem Planeten das Frühjahr '73 vorgemerkt. Wer will den schon mitten im Winter geboren werden. Und so beschloss ich noch so drei bis vier Monate im warmen Bäuchlein meiner Mama zu bleiben. Das fand diese wiederum nicht wirklich prickelnd. Und so bat man mich mit Nachdruck am Morgen des 20. Dezember auf die Welt. O.K., o.k., dachte ich, wenn man mich höflich bittet, dann will ich eben mal nicht so sein. Und wenn Weihnachten schon mal mit mir geplant ist und auch das eine oder andere Geschenk auf mich wartet, dann gebe ich mir halt die Ehre. Der Arzt, welcher mich nach der Geburt meiner Mama in den Arm legte, war ein sehr weiser Mann. Denn er sagte, aus mir würde bestimmt mal ein besonders kluges Kerlchen werden, ich hätte eine ganz besonders hohe Stirn! Wie recht er doch hatte!!!

Da ich bereits damals gut drauf war und auch sichtlich proper, entließ man uns an Heilig Abend aus dem Krankenhaus. Es war ein arschkalter Morgen und in dem alten Polen-Fiat, mit dem mein Papa und mein Onkel uns abholten, lief die Heizung auf Anschlag. Als wir zu Hause ankamen, stand die ganze bucklige Verwandtschaft, inklusive meines fünf Jahre älteren Bruders, Spalier. Weihnachten konnte jetzt beginnen! In meinen ersten Jahren hatte ich nicht wirklich viel auszustehen. Unsere Familie lebte damals in einer kleinen Dachwohnung im Haus meiner Großeltern. Und klein war genau der richtige Ausdruck. Er passte vor allem zu meinem Bett! Denn bis zum Schulanfang musste ich aus Platzgründen in einem Babyknastgitterbett schlafen. Das war echt mega uncool!!! Eigentlich müsste ich mit meinen Eltern deswegen heute noch kein Wort sprechen. Aber da ich harmoniesüchtig bin, lassen wir das lieber.
Die meiste Zeit meiner frühen Kindheit war ich auf mich selbst gestellt. Meine Eltern hatten auf Grund ihrer Arbeit sowie der Tatsache, dass sie ein altes Haus gekauft hatten, nicht wirklich viel Zeit für mich. Und die Versuche meinen großen Bruder dazuzubringen mit mir Blödsinn anzustellen, waren nur selten von Erfolg gekrönt. Nervige kleine Geschwister sind ja bekanntlich so beliebt wie die Pest und so hatte ich nur wenige Chancen.

An einem Sonntag im Sommer 1977 beschlossen meine Eltern: Heute besuchen wir mal Bekannte. Die Idee etwas in Familie zu tun fand ich super, aber viel lieber wollte ich Fußball spielen oder auf einen Abenteuerspielplatz. Aber meine Erziehungsberechtigten ließen nicht mit sich reden. Doch mein Papa sagte, die Bekannten hätten einen Hund und mit dem könnte ich spielen. Und so war es auch, sie hatten einen Hund. Und was für einen, einen wunderschönen Collie. Ich war begeistert, fasziniert, einfach hin und weg. Durch dieses Erlebnis wurde tief in meinem Unterbewusstsein ein Samenkorn eingepflanzt, welches für immer in mir blieb. Von jetzt an begleitete mich jeden Tag, ja jede Sekunde in meinen Gedanken ein Hund! Aber mit der Zeit befriedigt so ein imaginärer Begleiter einen nicht ausreichend und so teilte ich meinen Eltern meinen unumstößlichen Entschluss mit: „Ich will einen Hund!!!!!“

Die Reaktion auf meinen Wunsch war ernüchternd: „Niemals, schlag Dir das aus dem Kopf. Wenn Du mal erwachsen bist, dann kannst Du Dir ja einen kaufen, aber so lange Du bei uns wohnst zu 1000 % nicht!“ In diesem Zusammenhang muss man wissen, dass in unserer sauberen Verwandtschaft keiner auch nur ein einziges noch so winziges Haustier besaß! Nicht mal eine Katze oder einen Vogel. Doch da ich schon als kleines Kind ein „Nein“ nur schwer akzeptieren konnte, begann ich den Kampf meines Lebens. Und das Wort „Kampf“ trifft die Sache genau auf den Kopf. Ich gab wirklich alles. Doch die Reaktionen meiner Eltern waren immer dieselben. Hilf erst mal zu Hause mehr, werd' erst mal besser in der Schule, sei erst mal nicht mehr so frech.

Heiko mit seinem Vater, 2009 am Strand auf Römö

Eben laber, laber, laber! Und so verschärfte ich meine Taktik. Von nun an terrorisierte ich jede Familienfeier, ich hatte regelmäßig Heulkrämpfe und ließ mir noch so manch andere krasse Attacke mehr einfallen. Und irgendwann, wie aus heiterem Himmel, ich kann heute noch nicht genau sagen warum, doch der liebe Gott hatte mit Sicherheit seine Hände mit im Spiel, lenkte mein Vater ein. Er sagte: „Dann musst Du Dir eben einen kaufen!“ In diesem Moment hätte ich schreien können vor Freude. Ich war der glücklichste Mensch auf dieser Erde. Geil, geil, geil! Yes, ich hatte es geschafft!!!!!

Mein rassespezifisches Interesse hatte sich in all den Jahren auch des Öfteren geändert. Nach „Lassie“ wollte ich einen Pudel, danach einen Dackel, anschließend wieder einen Collie, doch nun war ich ganz oben angekommen. Es konnte nur eines geben, einen Deutschen Schäferhund. Damals wusste ich noch nichts von Hochzucht und Leistungslinie. Ich ahnte noch nicht, dass beinahe alle Schäferhundzüchter Perverse sein müssen - solch anatomische Krüppel wie diese züchten. Und so kam ich zu meinem ersten Hund wie der dümmste Bauer zu den größten Kartoffeln. Am 1. 10. 1988 kaufte ich mir für 350,- Ostmark den Hund „Bessy v. d. Lauterer Höhe“. Der beste Schäferhund, den man sich vorstellen kann. Bessy hatte ein Herz so groß wie ein Eisberg. Außerdem perfekte Arbeitsanlagen, eine tolles Wesen und sie war absolut sozial. Und all diese Eigenschaften brauchte sie auch, denn ihr stand einiges bevor. Schließlich hatte ich in all den vielen Jahren jedes auf dem Markt befindliche Hundebuch mindestens fünfmal durchgelesen und außerdem jeden, sich in erreichbarer Entfernung gelegenen Hundeplatz mehrfach besucht. Und all das dabei in mir Eingesogene, wollte ich nun praktisch ausprobieren. Und das tat ich auch und mein Vierbeiner trug es mit einmaliger Fassung. Jedenfalls konnte sie sich in dieser Zeit nicht über mangelnde Ausarbeitung beschweren. Wenn ich mich so zurückerinnere, dann rollen sich mir bei so manchen Erinnerungen wirklich die Fußnägel hoch. Doch bei anderen Episoden muss ich sagen, dass ich Dinge, welche ich damals tat und auch nach außen vertrat, durchaus auch aus heutiger Sicht noch absolut korrekt finde.

„Bessy"

Zum Beispiel liebte ich meinen Hund von Anfang an sehr. Doch zu keiner Zeit liebte ich ihn auf die gleiche Art und Weise wie ich auch mir nahe stehende Menschen liebte. Ein Punkt, der mir heute bei meiner Arbeit fast jeden Tag begegnet. Viele Menschen lieben ihren Hund mehr als ihren Partner. Und, Hand aufs Herz, wer hat von Ihnen in letzter Zeit mehr Zärtlichkeiten erfahren? Ihr Hund oder Ihr Partner?

Ein weiterer Punkt, den ich damals bereits verstand und auch umsetzte, war die Denkweise, dass der Ranghöhere immer zuerst an sich denkt und dann an die anderen. In diesem Zusammenhang erinnere ich mich an ein Erlebnis noch so genau zurück, als wäre es erst gestern gewesen. Ich kam mit Bessy vom Hundetrainingsplatz zurück. Da ich damals zu jung für den Autoführerschein war, aber dennoch beweglich und unabhängig sein wollte, hatte ich mir für mein Moped einen Anhänger versorgt mit einem Hundeboxenaufsatz darauf. Mein Hund hasste diesen Hänger mehr als alles andere auf der Welt, denn nicht selten war Bessy in diesem bei voller Fahrt umgestürzt. Als ich in den Hof einbog, sah ich meine Eltern zusammen mit einem Nachbarn gerade im Garten zu Abend essen. Ich setzte mich dazu und noch bevor ich den ersten Bissen in meinen Mund schieben konnte, durfte ich mir schon anhören, was für ein entsetzlich schlechter Hundepapa ich bin. Wie konnte ich mich nur zuerst um mich kümmern. Ich versuchte den Laien meine

Auffassung vom Zusammenleben mit Hunden zu vermitteln, aber ich musste bereits damals feststellen, dass zwar fast jeder an seiner Birne zwei Ohren hat, aber dass diese unmöglich zum Zuhören sein können. Und diese Ignoranz wiederum ließ in mir das Blut zum Kochen bringen. Dies brachte mir letztlich den Ruf eines rebellischen Cholerikers ein.

Aber wie dem auch sei, mein Hund war toll. Bereits nach kurzer Zeit legte ich mit ihm die ersten Prüfungen ab und nahm an Wettkämpfen und Meisterschaften teil. Parallel begann ich bereits damals meine ersten Businesspläne für eine eigene Hundeschule aufzustellen, auch wenn das nicht gerade realistisch war.
Was nach der Schule meine Berufswahl betraf, so beschloss ich vorerst einmal dreieinhalb Jahre meines Lebens in den Sand zu setzen. Denn da mich außer Hunde eigentlich nichts wirklich interessierte, blieb mir ja im Grunde nichts weiter übrig als irgendeinen Beruf zu erlernen, eigentlich egal was.
Nach meiner Lehre - eigentlich besser Leere, stand eine weitere Entscheidung an: Zivildienst oder Kriegspielen war die Frage. Doch die Antwort lag auf der Hand, denn niemals würde ich mich, nur weil irgend so ein Kasper es von mir verlangt, in den Dreck werfen. Und die Zivi-Zeit war genial. Eine sinnvolle Arbeit, dankbare, alte Leute und hübsche Schwestern. Was will man mehr!? Ich hätte mir auch durchaus vor-

stellen können meiner Wehrdienstverweigererzeit eine Umschulung zum Altenpfleger anzuschließen und die älteren Herrschaften wollte sogar eine Unterschriftenaktion starten, damit ich bleibe, aber alles kam ganz anders.

Gegen Ende meines Zivildienstes ging es mir körperlich immer schlechter. Ich nahm in Kürze rasant ab, schlief eigentlich nur noch und wenn ich wach war, trank ich Wasser in Unmengen. Mein Tag bestand nur noch aus schlafen, trinken und pinkeln. Meine Mutter schickte mich, nach dem es einige Wochen so ging und die Situation sich immer mehr zuspitzte, zum Arzt. Und dieser sagte mir knallhart die unverblümte Wahrheit ins Gesicht: „Mein Junge, Sie haben einen Blutzuckerspiegel, welcher siebenfach höher ist als normal. Es ist ein absolutes Wunder, dass Sie noch nicht ins Koma gefallen sind. Sie müssen sofort ins Krankenhaus!!!“ Diese Aussage war für mich wie ein Kopfschuss. Ich, krank, für immer? Das kann doch nicht sein! Wieso gerade ich? Vor einiger Zeit hatte meine Mutter zu mir gesagt, dass ich bestimmt Zucker habe! Darauf entgegnete ich, dass für den Fall, dass sie Recht hätte, ich mich eher wegräumen würde, als dass ich mich ein Leben lang täglich mit Insulin spritze. Doch nun war es Gewissheit. Und jetzt?

Ich hatte noch nie in meinem Leben ein Krankenhaus als Patient von innen gesehen und ich hatte einen mächtigen Horror davor. Und ehrlich gesagt war alles noch viel, viel schlimmer. Die Station auf welche normalerweise die Diabetiker gelegt wurden, war zu dieser Zeit wegen Renovierungsarbeiten geschlossen und so verfrachtete man mich auf Station 2. Diese Station war die einzige Station im ganzen Haus, welche zu diesem Zeitpunkt noch unrenoviert war und so zeigte sie sich mir im fiesesten DDR-Krankenhauslook, den man sich vorstellen kann. Ich war damals 20 Jahre alt und damit der mit Abstand jüngste Patient auf der ganzen Station. Der Zweitjüngste war genau 63!!! Es war wirklich übel. Ich lag in einem 6-Personen-Zimmer, unter anderem zusammen mit einem Geistigbehinderten, zwei Alkoholikern und einem „Altdiabetiker", welcher mir permanent erzählte, was mich alles Grausames in nächster Zeit erwartete. Manchmal dachte ich, vielleicht wäre aus dem Fenster springen gar keine so schlechte Alternative. Was das Auftreten des Krankenhauspersonals betrifft, so hatte ich das Gefühl, dass ich echt im falschen Film bin. Ich wurde behandelt wie eine Sache, eine Nummer, halt irgendeine Angelegenheit. Die hätten alle dringend einen Kurs in Psychologie benötigt. Nach einigen Tagen war erstmals Chefvisite, der Oberhäuptling gab sich die Ehre. Als er vor meinem Bett stand, beäugte er mich von oben bis unten und sagte dann mit tiefer Stimme: „Ich warne Sie, denn wenn Sie sich nicht an die Regeln halten, welche diese Krankheit Ihnen auferlegt, dann müssen sie innerhalb kürzester Zeit mit den ersten

Folgeschäden rechnen, nicht selten ist das Blindheit!" Bingo, dachte ich, also jetzt steht es fest. Die haben hier alle voll einen an der Mütze. Geht es nicht noch unsensibler. Doch als der Häuptling abgezogen war, ließ ich seine Worte erst mal richtig auf mich wirken. Und plötzlich ging mir ein Licht auf. Genau, das ist es. All der Mist, der Dir gerade passiert, hat einen tieferen Sinn. Und der ist ganz einfach und liegt auf der Hand. *Hunde, Blinde* – na, logo. Du hast Deine Berufung gefunden, Du sollst Blindenführhunde ausbilden!!! Gleich am Nachmittag, als ich Besuch bekam, erzählte ich denen von meiner Vision. „Na klar, und ab morgen ist der Himmel violett und wenn es regnet, kommt von oben rote Brause." OK, ich musste wohl vorerst einsehen, dass mir das niemand zutraut. Aber im Nachhinein gesehen, bestätigte sich in diesem Moment erstmals einer meiner heute wichtigsten Glaubenssätze. Nämlich der, das langfristig gesehen alles positiv ist!

Aber der Aufenthalt im Krankenhaus brachte mir noch mehr unvorhersehbare Folgen. Und zwar lernte ich dort meine erste Frau Kerstin kennen. Sie arbeitete zu dieser Zeit als medizinisch-technische Assistentin im Labor. Dort mussten all die süßen Patienten jeden Tag mehrfach zum Blutzuckermessen hin. Und so kamen wir ins Gespräch und lernten uns kennen und lieben. Ich glaube, dass sie und die mit ihr in Verbindung stehenden Glückshormone, welche mein Körper

nun in Massen produzierte, meinen Krankheitsverlauf sehr positiv beeinflussten.
Nach über sechs Wochen konnte ich endlich das Krankenhaus verlassen. Und es dauerte nicht einmal eine Woche und dann zogen Kerstin und ich zusammen. Aus heutiger Sicht war das mit Sicherheit alles zu schnell und wir haben beide von Anfang an sehr viele Fehler gemacht. Dennoch zogen wir immer, wenn es wirklich ernst war, gemeinsam an einem Strang. Mein Ziel war es, jetzt endlich sicher auf meinen eigenen Beinen zu stehen. Und dazu gehörte für mich die Selbstständigkeit. Ich konnte mir einfach nicht vorstellen nach meinem Zivildienst wieder irgendeinen Job zu machen, der mich nicht befriedigt. Allerdings fühlte ich mich auch nicht wirklich in der Lage die Geschichte mit den Blindenführhunden in Angriff zu nehmen und so beschlossen wir erstmal uns auf einem anderen Gebiet selbstständig zu machen. Kerstin kündigte ihren Job im Krankenhaus und wir legten zusammen los. All die Schlaumeier warnten uns, aber auf andere hören war noch nie meine Stärke. Und wenn die Tipps dann von Leuten kommen, welche selbst noch nie etwas auf die Beine gestellt haben, dann geht mir das Gekäse noch mehr auf die Nerven. Also: Start, dann Kampf, dann Schwanken und nach gut 18 Monaten voll der K.O.! Game over, fine, Ende, aus, vorbei! Und nun? Außer den finanziellen Problemen kam noch hinzu, dass unsere Beziehung alles andere als

harmonisch war. Ich war ein Krümelkacker, legte alles auf die Goldwaage und Kerstin war einfach nur stur. Es war einfach alles zum Heulen.

Inzwischen schrieben wir den Juni 1996. Wir waren zwischenzeitlich verheiratet und obwohl wir pleite waren flogen wir 2 Wochen nach Ägypten in den Urlaub. Wie das geht? Ich hatte die Reise Monate vorher Kerstin als Geburtstagsüberraschung geschenkt. Vor dem Abflug wollte ich noch mal in den Buchladen, mir ein wenig Urlaubslektüre besorgen. Beim Durchforsten der Regale, stand es plötzlich vor mir. *Walter Rupp: Der Blindenhund.* Na, wenn das kein Zufall ist, dachte ich, und nahm das Buch mit. Am Strand von Hurghada saugte ich das Buch in mich ein und mit jedem Tag wurde die Überzeugung in mir größer selbst eine Blindenführhundschule zu eröffnen. Ich teilte meine Entscheidung Kerstin mit und sie war begeistert wie eine Qualle von der Ebbe. Aber egal, mein Entschluss stand fest und Kerstin stand zu mir. Wenn sie auch in keiner Weise überzeugt von meiner Idee war, wenn auch alle uns belächelten - sie packte mit an.
Und so ging ich, wieder zurück in Germany, am 1. August 1996 zum Gewerbeamt und eröffnete die Blindenführhundschule Münzner. Parallel bauten wir uns die ersten Zwinger und kauften die ersten beiden Hunde. Das Geld dafür hatte ich mir mit einem klei-

nen Trick bei der Bank erschlichen. Damals ging so etwas noch!

Zu diesem Zeitpunkt ging es für uns um das blanke Überleben. Wir hatten nichts, gar nichts. Ich fuhr jede Nacht von 2.00 Uhr bis 6.00 Uhr und Kerstin von 6.00 Uhr bis 10.00 Uhr Kurierdienst für meinen Vater. So konnten wir uns finanziell über Wasser halten. Die restliche Zeit bauten wir unsere Firma auf. Training, Pflege, Praktika, Werbung etc. stand auf der Tagesordnung. Ich weiß heute nicht mehr wo ich, wo wir, all die Kraft hergenommen haben diese Zeit zu überstehen. Und dann noch daran zu glauben irgendwann von dieser Sache leben zu können. Aber ich hatte einfach diesen Motor in mir, diese innere Stimme, welche ich bis heute nicht verloren habe. Die Stimme, die sagt: „Gib Gas alter, Du schaffst es!!!“

Das Zermürbendste an dieser Zeit aber war dieser ständige Streit zwischen Kerstin und mir. Es war wie verhext. Auf der einen Seite kämpften wir gemeinsam, auf der anderen Seite stanken wir uns permanent an.

Aber wie dem auch sei, mit Glück, Können, durch Zufall, kamen die ersten blinden Interessenten für unsere Hunde. Und so gaben wir im Jahr 1997 unsere ersten beiden Blindenführhunde ab. Dies bedeutete in erster Linie Bestätigung. Bestätigung dafür nie aufgehört zu haben an sich zu glauben!!! Dennoch weiß ich, dass ich diese Zeit ohne die Unterstützung meiner Eltern wohl niemals überstanden hätte. DANKE, Ihr beiden!!!

Allmählich stellte sich dann geschäftlich immer mehr Erfolg ein, privat nahm unser Krieg aber kein Ende. In einem Horoskop in so einer Klatschzeitung habe ich mal gelesen, dass Schützen und Stiere zwar super zusammen arbeiten können, aber niemals zusammen leben sollten. Wie wahr, wie wahr!

Inzwischen, so etwa im Jahr 2000, gehörten wir zu den größten Schulen in Deutschland. In Bad König, im Odenwald, hatten wir damit begonnen eine zweite Blindenführhundschule aufzubauen und diese war von Anfang an sehr erfolgreich. Parallel arbeitete ich in den Bereichen Familienhundausbildung, Polizeihundausbildung und Zucht. Das Interesse an unserer Arbeit wurde immer größer. Die Presse und das Fernsehen standen zu dieser Zeit beinahe Schlange. Immer mehr Leute wollten bei mir lernen und immer mehr Leute wollten etwas mit mir zu tun haben. In dieser Zeit produzierte ich mehrere Filme und eines Tages wurde ein weiterer Traum wahr - ich erhielt Einladungen aus Amerika. Zuerst besuchte ich nur Züchter und Polizeistationen, dann hielt ich Seminare und im Frühjahr 2004 war ich kurz davor auszuwandern. Mir gefiel der

American way of life und ich wollte noch mehr erreichen.
Doch der Erfolg in diesen Jahren hatte aus mir keinen glücklicheren Menschen gemacht, eher das Gegenteil. Sicher, ich hatte einiges geschaffen, wohnte in meinem eigenen großen Haus, hatte über 10 Mitarbeiter und ich war bekannt wie ein bunter Hund. Aber die andere Seite der Medaille sah ganz anders aus. Ich sah aus wie ein Fußball, war ungepflegt und an mir selbst nicht interessiert. Meine Ehe war ein einziges Chaos und die Neider um mich herum und damit auch die üblen Gerüchte wuchsen. Ein weiteres Problem war, dass keiner meiner Mitarbeiter auch nur annähernd auf dem Level arbeitete wie ich mir das vorstellte. Und so flippte ich immer mehr aus und wurde immer aggressiver. Die Situation spitzte sich zu. Und sie eskalierte! Im Sommer 2004 fasste ich den Entschluss, dass mein Leben so nicht mehr weitergehen kann. Zuerst hörte ich für eine Zeit damit auf Blindenführhunde auszubilden. Der nächste Schritt war die Trennung von meiner Frau. Ich wollte einfach ein rundum glückliches Leben führen, die Frage war nur wie. Durch Zufall bekam ich ein Buch von Anthony Robbins in die Hände, ich las es und war begeistert! Die Message, die ich verstand war so einfach: Ändere zuerst Dich, dann ändert sich alles um dich herum! Und lerne, lerne, lerne, Dein ganzes Leben lang. Seit dieser Zeit bin ich ein

anderer Mensch, auch wenn es ein harter Weg war, so kann ich doch sagen: Ich habe es geschafft!
Heute bedeutet mir Materielles nicht mehr wirklich viel. Ich habe 60 Pfund abgenommen, ernähre mich gesund, habe eine wunderbare Beziehung mit einer fantastischen Frau, rauche und trinke nicht und ich lebe und arbeite mit Pferden, Hunden und Menschen. Und zwar nach genau der Art, die mich dahin gebracht hat wo ich heute bin. Es war ein harter und steiniger Weg, oft mit schweren menschlichen Enttäuschungen. Und dennoch hat er sich gelohnt.

Inzwischen weiß ich mehr denn je wie wahr der Satz ist, dass „Der Hund der Spiegel unserer Zeit ist." Wir sind ihnen verdammt viel schuldig, denn wir Menschen machen durch unser Verhalten unsere Vierbeiner krank. Deshalb muss in erster Linie der Mensch bereit sein an sich zu arbeiten, wenn er wirklich das Verhältnis zu seinem Hund ändern will. Ändere Dich und das Umfeld Deines Hundes, dann ändert sich Dein Hund. So einfach ist es. Ich höre Sie es förmlich schreien, „Einfach!?" Ja, einfach und das werde ich Ihnen auf unserer gemeinsamen Reise schon verklickern. Gehen Sie es mit mir an, Ihr Hund wird es Ihnen danken!!! Vertrauen Sie mir!

Ehrlich währt am längsten

Oh, welch eine Weisheit, denken Sie. Aber was hat das ganze mit Ihnen und Ihrem Hund zu tun? Ganz einfach, Ihr Hund ist ehrlich und Sie sind ein Lügner. Und, sind Sie jetzt beleidigt? Meinen Sie, dass mir diese Feststellung nicht zusteht? „Ehrlich" gesagt ist es mir egal, was Sie denken und zwar völlig. Und das, was ich sage ist die unverblümte Wahrheit. Und wenn Sie mit Ihrem Hund und auch im wahren Leben weiterkommen wollen, dann sollten Sie jetzt damit beginnen, dieser knallhart ins Auge zu schauen!

Und mal Hand aufs Herz, haben Sie jemals das Gefühl gehabt, dass Ihr Hund sich nach außen anders gibt, als er innerlich denkt. Hatten Sie jemals das Gefühl, dass, wenn er vor Freude aus dem Häuschen war, z.B. wenn Sie jemand besucht hat, dass diese Freude nur gespielt war und er eigentlich dachte: „Was will der Penner hier?" Denken Sie doch mal darüber nach, wie oft wir Menschen uns äußerlich anders Verhalten, als es eigentlich innen in uns aussieht. Das beginnt mit den kleinen Notlügen früh morgens zu Hause, so nach dem Motto: „Schatz, Du siehst heute wieder toll aus." Und das, obwohl sie Augenränder hat wie ein Bully, der auf Crack ist und außerdem eine Hose trägt, welche ihrer Figur nicht gerade gut tut. Eigentlich müsste es heißen: „Schatz es tut meiner Liebe zu Dir keinen Abbruch, aber Du siehst entsetzlich aus. Deine Augenräder hängen und in der Hose hast Du einen fetten Hintern.“ Das wäre ehrlich und seien Sie sich sicher, Ihr Hund würde es sagen. Aber das sind ja noch die kleineren Lügen, die richtigen beginnen erst auf Arbeit oder auf dem Amt, im Supermarkt, oder was weiß ich wo.

Ich glaube ein durchschnittlicher Mensch lügt täglich mindestens 25-mal. So Pi mal Daumen!

Ehrlichkeit ist unattraktiv und völlig out. Dafür ist es absolut angesagt permanent zu lügen was das Zeug hält. Allein die Tatsache wie spannend es ist zu erfahren, was Ihr Hund Ihnen Tag für Tag so an den Kopf wirft, sollte Sie unbedingt dazu anregen, die Sprache der Hunde zu lernen. Wenn er z.B. zu Ihnen gerannt kommt und Ihnen den Ball vor die Füße wirft, dann heißt das nicht: „Mami ich hab Dich so lieb, bitte spiel doch mit mir!“ Sondern vielmehr: „Los spielen, Du Pfeife.“ Und das ist ein erheblicher Unterschied oder finden Sie nicht?

Vielleicht habe ich im Leben in dieser Hinsicht wirklich einfach nur Glück gehabt, dass ich auf Grund meiner Gene oder vielleicht durch meine Erziehung oder wodurch auch immer mit Ehrlichkeit noch nie ein Problem hatte. Ganz im Gegenteil, sie wurde mir nicht selten zum Verhängnis. Ich bin aber felsenfest davon überzeugt, dass ich auf Grund dieser Ehrlichkeit ein solch besonderes Verhältnis zu Hunden habe. Ich hasse Lügen und die dazugehörigen Lügner! Und ich hoffe irgendwann im Leben oder im direkten Anschluss an selbiges auf absolute Gerechtigkeit. Ich bin sogar überzeugt davon, dass jeder für das, was er heute tut, sich irgendwann verantworten muss. Und wenn man dann vor dem lieben Gott steht, wird dessen erste Frage ganz sicher sein: „Na, wie hast Du es denn mit der Ehrlichkeit im Leben so gehalten?" Wahrscheinlich werden dann in diesem Moment so manche einen Heulanfall bekommen und ganz sehr einen auf Mitleid machen. Aber ob der liebe Gott sich davon beeindrucken lässt? Was wird er wohl halten von Leuten, die ihre Partner ständig betrügen und ihnen aber dabei ständig erzählen wie sehr sie sie lieben? Was wird er denken über Menschen, die ihre Freunde und Geschäftspartner bescheißen? Sie glauben nicht, wie sehr gang und gäbe das ist. Oder was wird er entscheiden, wenn unsere Politiker vor ihm stehen, mit Schweiß auf der Stirn und zittriger Stimme. Aber der liebe Gott weiß ganz genau, dass sie vor der Wahl gezielt gelogen haben. Und jetzt haben sie einfach nur schlechte Karten! Oder sagen wir es in ihrer Sprache: "Es sieht nicht gerade nach einem Wahlsieg aus!!!"

Wenn Sie eine Basis suchen, auf welcher Sie eine völlig neue Art des Zusammenlebens mit Ihrem Hund aufbauen können, dann haben Sie diese soeben gefunden. Wenn Sie Ihren Hund wirklich verstehen wollen und auch wollen, dass dieser Sie versteht, denn werden Sie zu 100 % ehrlich. Sagen Sie, was Sie denken ohne permanent an die Konsequenzen zu denken. Und ich sage Ihnen noch was. Vielleicht ist Ehrlichkeit ja unattraktiv, aber glauben Sie mir, sie ist wahnsinnig sexy!!!

Warum unsere Hunde so sind wie sie sind

und auch gar keine Chance haben anders zu sein

Tja, da stellt sich zuerst einmal die Frage, wie sind denn unsere Hunde so? Also, wenn ich diese Frage mal beantworten dürfte, dann mache ich es kurz und schmerzlos. Ein großer Teil unserer Hunde ist krank, nervös, hyperaktiv, aggressiv, ungehorsam und unglücklich! Leider, das ist die Wahrheit und glauben Sie mir, ich weiß wovon ich rede! Ich hatte mehrere tausend Hunde in meiner Schule. Ich kann mir ein Urteil erlauben. Und wenn Sie jetzt das Gefühl haben, ich hätte Ihr Kind beschrieben, dann beginnen Sie vielleicht in diesem Moment die Parallelen zu verstehen mit welchen alles miteinander verbunden ist. Denken Sie doch mal nach, strengen Sie Ihr Köpfchen doch mal an, mit welchen Worten würden Sie denn die Gesellschaft beschreiben, in der wir leben? Na, fangen wir mal an. Wie viele Menschen kennen Sie, die physisch und psychisch topgesund sind? Wie viele ruhige, ausgeglichene und selbstbewusste Menschen kennen Sie? Wie viele friedliche Menschen kennen Sie, denen der andere so nahe steht, dass sie sich für ihn mitverantwortlich fühlen? Wie viele anständige Kinder kennen Sie? Und wie glücklich würden Sie die Menschen in diesem Land, in Europa oder überall auf der Welt einschätzen? Wenn jammern ein Zeichen von Glück wäre, dann wäre die Welt im absoluten Glückszustand, aber leider ist es das nicht. In unserem Leben regiert das absolute Chaos. Jeder ist sich selbst der Nächste. Wir bescheißen, wir klauen, wir töten, wir zerstören, wir verbreiten Angst und Schrecken. Kinder können nicht mehr alleine auf die Straße, Tiere werden unter katastrophalen Zuständen gehalten, transportiert und abgeschlachtet. Alles dreht sich immer schneller und wir Menschen bekommen es einfach nicht gebacken auch nur einmal in den Spiegel zu schauen und zu sagen: „Mensch, was bauen wir nur für einen elenden und unglaublichen Mist?“

Wollen wir denn wirklich die letzte Generation auf dieser Erde sein??? Wir haben einfach ein grundlegendes Problem: Wir leben gegen und nicht mit der Natur! Wir haben sie uns zum Feind gemacht! Ohne Respekt, ohne Achtung! Und weil wir Menschen mitunter so primitiv sind wie eine Plastikdose und für all das Chaos in unserem Leben nach einem Ausgleich suchen, kaufen wir uns einen Hund! Ja, Sie haben recht gelesen. Statistisch gesehen ist der häufigste Grund für die Anschaffung eines Hundes der Wunsch nach einem Stück Natur, der Ausgleich zum unausgeglichenen Leben. Doch wie krank ist das denn? Was passiert mit einem kleinen, winzigen Ruderboot, welches mit der Titanic auf den Eisberg zutreibt. Ich werfe das

Ruderboot ins Wasser, einen Ruderer dazu und jetzt? Glauben Sie ernsthaft, dass das Ruderboot die Titanic vor dem Aufprall auf dem Eisklotz abhält? Mit Sicherheit nicht! Das Ruderboot geht ganz sicher mit unter und zwar noch schneller als die Titanic!

Und auch die Idee: „Wir schaffen uns einen Hund an, damit die Kinder Verantwortung lernen!“ halte ich für absolut stumpfsinnig. Auf gut Deutsch heißt das, der Hund soll das erreichen, was die unfähigen Eltern nicht erreicht haben, nämlich die Bälger vernünftig zu erziehen. Aber das kann er nicht und das ist auch nicht seine Aufgabe. Beim besten Willen nicht. Toll finde ich auch die Leute, welche sich einen Hund anschaffen, weil der Arzt ihnen viel Bewegung verordnet hat. Also praktisch so nach dem Motto: „Da muss ich wenigstens raus.“ Und dann? Was passiert täglich die restlichen 23 Stunden?

Nein, meine Freunde, so funktioniert das Ganze nicht, wir können nicht ein Stück heile Welt, ein kleines Häufchen pure Natur aus selbiger herausreißen und sagen: „Hallo Du, ab heute lebst Du in meiner kranken Welt, nach meinen Regeln und Werten.“ Und anschließend wundern wir uns, dass das Hündchen eine Vollmeise hat! Wie unintelligent sind wir eigentlich??? Und wenn der Hund dann im Kopf völlig im Eimer ist, wenn er all die Verhaltensweisen zeigt, welche heute schon normal zu sein scheinen, also Zerren

an der Leine, andere Hunde ankläffen, Dinge zerstören, einfach die ganze Palette hundischen Fehlverhaltens, dann schauen wir uns eine kluge Fernsehsendung an und alles wird wieder gut. Oder wir gehen in die Hundeschule: „Der Onkel dort wird Dir aufmüpfigem Vierbeiner mal so richtig Benehmen beibringen." Und dann stehen diese Leute bei mir oder einem Kollegen in der Schule und haben keine Erklärung, warum der Hund so crazy ist? Genau wie damals auch schon Ihr Kindchen! So ein Spaß!!!

Die düstere Krönung an der ganzen Sache aber ist, dass die Leute auf ihrer Suche nach Hilfe, in diesem Land und zu dieser Zeit nur sehr wenig davon finden. Oftmals wird dann versucht, dem Hund mit Hilfe von unlogischen Methoden, Verhaltensänderungen aufzuzwingen. Meist wird damit aber alles nur noch schlimmer. Denn, und die Sache liegt doch auf der Hand, bevor sich mein Hund ändert, muss ich zuerst einmal mich und das Umfeld meines Hundes ändern!!!

Leider Freunde, es geht ans Eingemachte, Du musst Dich ändern!!!! Das ist ein harter Schlag stimmt's? Aber es ist die einzigste Chance, wirklich die einzigste!!!!!

Und wie das geht, ich verrate es Dir!

Der erste Schritt in die richtige Richtung: Leben im Einklang mit der Natur!

„Wir haben unser Land und unsere Freiheit verloren, aber noch haben wir uns unsere Art zu denken und zu leben bewahrt. Als Indianer könnten wir einen bedeutenden Beitrag zu Eurer Kultur leisten. Nur wenigen Weißen kommt es in den Sinn, dass auch die Menschen anderer Hautfarbe, seien sie nun rot oder schwarz oder gelb, sich Gedanken darüber machen, wie diese Welt besser werden könnte.
Vieles ist verrückt in der Welt des weißen Mannes. Wir glauben, dass die Weißen sich mehr Zeit nehmen sollten, um mit der Erde, den Wäldern und allem was wächst, vertrauter zu werden, statt wie eine in Panik geratenen Büffelherde herumzurasen. Wenn die Weißen auch nur einige unserer Ratschläge befolgten, fänden sie eine Zufriedenheit, die sie jetzt nicht kennen und die sie auf ihrer verbissenen Jagd nach Geld und Vergnügen vergeblich suchen. Wir Indianer können die Menschen noch immer lehren, wie man im Einklang mit der Natur lebt!“

Tatanga Mani

Beeindruckende Worte eines beeindruckenden Menschen. Und vor allem wie wahr sie sind! Begreifen Sie es, hämmern Sie es sich mit aller Gewalt in Ihre Großhirnrinde, lesen Sie es so oft, bis sich in ihrem Kopf eine sichere neuroassoziative Verbindung gebildet hat!!! WIR MÜSSEN WIEDER LERNEN IM EINKLANG MIT DER NATUR ZU LEBEN!!! Und das nicht nur sonntags und an Feiertagen, nein. Sondern immer, jeden Tag, 24 Stunden lang. Denn nur dann haben wir eine Zukunft und nur dann haben wir eine Basis für das Zusammenleben mit einem Hund. Basta!

Und nun verrate ich Ihnen, wie Sie das erreichen. Ganz einfach. Zuerst verordne ich Ihnen eine riesengroße Beruhigungspille. Denn, Sie müssen ruhiger werden. Zeit und Ruhe, contra Hektik und Stress! Unsere Welt wird immer schneller, immer hektischer. Alle rennen, alles muss beschleunigt werden, denn nur der erste hat eine Chance. Keiner hat mehr Zeit. Doch diese Hektik ist der Anfang vom Ende und vor allem ist es absolut gegen die Natur. Wussten Sie, dass in Hühner-KZ's alle vier Stunden Tag bzw. Nacht gespielt wird? Ja, so ist es, damit der Tag schneller vorbei geht und damit das Huhn mehr Eier legt. Schnell, schnell, schnell! Wie kann man Dinge schneller herstellen? Wie kann man Entfernungen schneller zurücklegen? Wie kann man die Effektivität in allen Bereichen steigern. Ja, sind hier denn alle wahnsinnig geworden? Haben sie jemals in der Natur etwas Vergleichbares erlebt? Ich glaube nicht!!! Was wir brauchen ist Zeit und Ruhe. Zeit und Ruhe zum Nachdenken und Planen. Zeit und Ruhe zum Lernen und sich entwickeln. Zeit und Ruhe zum bewussten Handeln. Zeit und Ruhe zum Träumen und Meditieren. Und Zeit und Ruhe zum Beobachten von Kleinigkeiten. Oh, jetzt höre ich Sie schon wieder schreien: „Und wo in aller Welt soll ich diese Zeit hernehmen?“ Ich verrate es Ihnen, Schritt für Schritt. Meine Zeitformel ist ganz einfach, und sie lautet: 1/3 + 1/3 + 1/3 = EIN ERFÜLLTES LEBEN!!!

Je ein Drittel schlafen, arbeiten und Freizeit. Schlafen und arbeiten ist schon mal klar, an dieser Zeit, außer sie im richtigen Rahmen zu halten, können wir nicht viel machen. Aber wie sieht es mit ihren 8 Stunden Tag für Tag Freizeit aus? 8 Stunden am Tag, sind 56 Stunden in der Woche, 224 Stunden im Monat, über 2700 Stunden im Jahr. Genauer gesagt sprechen wir von einem Drittel Ihres Lebens. Was machst Du mit der Zeit? Nutzt Du sie oder schlägst Du sie tot?
Die Statistik sagt, dass jeder Deutsche im Durchschnitt jeden Tag 3,5 Stunden in die Röhre schaut und zusätzlich noch die gleiche Zeit Smalltalk hält! Ja, seid Ihr denn verrückt? Da könnt Ihr ja auch gleich Eure Beerdigung vorziehen. Mein Gott, Ihr vergeudet Euer

Leben! Hallo Ihr da, Ihr habt kein zweites!!! Deshalb mein Tipp: Tötet alle Zeitkiller! Setzt Euch einmal hin, nehmt einen Zettel, analysiert Euren Tag und dann schafft Euch Zeit. Und diese neu gewonnene Zeit nutzt Ihr. Für Euch, Eure Familie, Eure Zukunft und natürlich für Euren Hund!!!

Der zweite Schritt um im Einklang mit der Natur zu leben, heißt DANKBARKEIT! Ja, Du hast schon richtig gelesen, Du hast keinen Sehfehler. DANKBARKEIT!!! Für mich ist nichts auf dieser Welt, nichts von all dem was Tag für Tag passiert, normal! Ich bin dankbar für jede Kleinigkeit. Dafür, dass ich jeden Morgen neben meiner wunderbaren Frau erwachen darf. Dafür, dass ich ein gesundes Kind habe. Dafür, dass ich gesund und munter aus dem Bett springen darf. Dafür, dass ich meine Hunde habe. Dafür, dass ich auch mit Katzen und Pferden leben darf. Dafür, dass ich so tolle Eltern habe. Dafür, dass ich gute Freunde habe, für meine Arbeit, für das Essen und Trinken, welches im Übermaße vorhanden ist, für gute Gespräche, für die Schönheit der Natur, einfach für alles!!! Und aus meiner tiefen Dankbarkeit heraus habe ich eine weitere wichtige Regel aufgestellt, an welche ich mich immer versuche zu halten. Nämlich, dass ich immer mehr versuche zu geben, als ich bekomme. Und glauben Sie mir, das funktioniert prima!

Der dritte Punkt um im Einklang mit der Natur zu leben heißt: Korrigiere Deine Werte! Werte sind die

Richtlinien, nach denen Ihr Gehirn alles was in Ihrem Leben passiert einordnet. Sozusagen Ihr Gradmesser fürs Leben. Wenn Sie nach dem Prinzip leben, dass Sie immer mehr wollen, dafür über Leichen gehen und alles um Sie herum Ihnen völlig egal ist, dann sind Ihre Werte nicht gerade deckungsgleich mit den Werten, welche in der Natur vorherrschen.

Für den Fall, dass Sie glauben, alles in der Welt ließe sich ausschließlich mit dem Herzen klären, dann sind Sie genauso auf dem Holzweg. Der in der Natur wohl wichtigste Wert ist Respekt. Vor allem und jedem. Wie sieht es damit bei Ihnen aus? Respekt vor jeder Kreatur, jeder Leistung und jeder Denkweise. Kleine Gedankenstütze: Was essen Sie so z.B. jeden Tag???
Der letzte Punkt auf dem Weg zu einem Leben im Einklang mit der Natur heißt: "Sei konsequent!" Konsequent mit allem und jedem, denn jede Form von Inkonsequenz führt unweigerlich zum Tod! Leider ist das die Wahrheit. Und wissen Sie was mich so richtig in Rage versetzt? Wenn die ganzen inkonsequenten Menschen, so geschätzte 99,5 % der Bevölkerung, so tun, als ob konsequent zu sein etwas Böses wäre. Ich könnte diesen Leuten mit beiden Füßen gleichzeitig in ihren Allerwertesten treten. „Sie sind aber hart." „Ihr Hund kann einem leidtun." „Ich bin einfach zu lieb." Ne, Du Pfeife, das bist Du nicht! Du bist INKONSEQUENT!!!! Und das ist Dein Problem und genau

aus diesem Grund bekommst Du auch nichts auf die Reihe. Inkonsequenz ist der größte Verstoß gegen ein Leben im Einklang mit der Natur. Für alles, was man im Leben tut, muss man lernen die Folgen zu tragen. Dies unseren Hunden, genau wie unseren Kindern zu vermitteln, ist der vielleicht wichtigste Punkt!
So, wie sieht es denn aus? Kannst Du den Happen, den ich Dir jetzt vorgesetzt habe, schlucken? Gib Dir ein wenig Mühe und dann geht es weiter!

zerstörte Natur – Soweit haben wir Menschen es gebracht!

Die Grundbedürfnisse eines Hundes

oder was ein Hund braucht um glücklich zu sein!

Was haben Sie, als Sie sich Ihren Hund zugelegt haben, zuerst gedacht? Haben Sie gedacht: „Jetzt werden aber alle staunen, was für einen tollen Hund ich habe!“? Oder haben Sie gedacht: „Endlich habe ich mehr Zeit für mich, denn meine Kinder haben eine Ablenkung.“? Oder haben Sie vielleicht gedacht: „Ooooohhhhh, wie süß der ist, mit dem Kuscheln das wird sooooooo toll.“? Egal was davon es war, es war nicht korrekt oder um es verständlicher auszudrücken, es war alles andere als verantwortungsbewusst!!!! Die einzig korrekte Frage an sich selbst wäre gewesen: Welche Grundbedürfnisse hat ein Hund?

Und ich weiß nicht, ob es Sie überrascht, aber die Grundbedürfnisse ihres Hundes sind nicht die gleichen Grundbedürfnisse wie die Ihren. Jeder, der das denkt, quält und misshandelt seinen Hund tierpsychologisch gesehen jeden Tag auf entsetzliche Art und Weise.

Und eigentlich könnte alles so einfach sein. Denn jeder Hund hat fünf absolut unumstößliche Grundbedürfnisse. Und wenn Sie diese einhalten und das jeden Tag, dann werden Sie mit Ihrem Hund 0,0 Probleme haben und Ihr Vierbeiner gehört zu den sich nicht gerade in der Überzahl befindlichen glücklichen Hunden auf dieser Welt.

Jeder Hundebesitzer, der zu mir kommt und mir seine Geschichte erzählt, den filtere ich zuerst durch das Sieb der fünf Grundbedürfnisse. Und schon kann ich ihm genau sagen wo der Hase im Pfeffer begraben liegt, wo das Problemchen zu finden ist. Ja, so einfach ist das. Nur das zu verstehen, zu akzeptieren und vor allem umzusetzen ist schon etwas komplizierter. Deshalb bin ich auch inzwischen mehr ein Menschentrainer als ein Hundetrainer.

Und eines kann ich Ihnen versichern, ich habe schon die extremsten Geschichten gehört. Das Schema ist dabei immer das gleiche und am Ende steht dann immer die Aggression. Wenn zu viel schief geht, ist der Unfall vorprogrammiert. Traurig ist es immer dann, wenn andere Hunde verwickelt werden. Inzwischen ist es gar nicht mehr so selten, dass Hunde tot gebissen werden. Eine schlimme Sache, nicht nur für den getöteten Hund, sondern auch für dessen Besitzer. Oftmals bleiben für immer psychische Störungen zurück. Aber am schlimmsten ist es, wenn Kinder die Leidtragenden sind. Ihre körperlichen Wunden heilen, zurück bleiben oft grausame Narben. Aber noch viel schlimmer sind ihre seelischen Schäden.

Ich erinnere mich an einen Fall aus dem letzten Sommer. In einem kleinen Dorf nur wenige Kilometer von unserer Schule entfernt, ging ein kleines 8-jähriges Mädchen mit ihrem Yorki-Mix spazieren. Sie lief beinahe jeden Tag die gleiche Runde, aber an diesem Tag war alles anders. Als sie an einem der Grundstücke vorbei lief, kam plötzlich ein Schäferhund-Mix zwischen den Büschen herausgestürmt. Noch bevor die Kleine irgendetwas denken konnte, geschweige denn handeln, packte der große Hund den kleinen, schleuderte ihn einmal durch die Luft, biss noch einmal zu und tötete ihn. Als der Besitzer des Schäferhund-Mixes Sekunden später aus seinem Grundstück gerannt kam, war bereits alles zu spät. Der Kleine lag in seinem Blut und war verendet. Das kleine Mädchen ist bis heute in psychologischer Behandlung, sie hat Angst, vor allem und jedem. Dieses Erlebnis hat ihr Leben verändert, für immer verändert. Am nächsten Tag stand der Besitzer des Killers mit selbigem auf meinem Hof und sie werden es nicht glauben, was er zu mir gesagt hat. Er sagte: „Musste die auch dort lang laufen!" In diesem Moment glaubte ich diesen perversen Verbrecher für immer ins Jenseits befördern zu müssen, allerdings hätte das die Probleme nicht gelöst. Üblicherweise lasse ich die Leute erst mal alles erzählen und so hörte ich mir die „Alleshalb so schlimm Version" dieses Typen an. Anschließend überprüfte ich den Hund und dieser konnte einem beinahe genauso leidtun, wie der Hund des Mädchens. Alle fünf Grundbedürfnisse wurden komplett vernachlässigt. Er fristete ein trauriges Dasein. Ich schlug dem Typen vor gemeinsam an ihm und später seinem Hund zu arbeiten. Er fragte nach dem Preis und sagte dann, dass er eigentlich nicht mehr als 100,-- € ausgeben wollte. Aber er spräche noch mal mit seiner Frau und meldet sich dann wieder. Das hat er bis heute nicht getan.

Ein wenig später habe ich erfahren, dass der Hund zwei Tage später eingeschläfert wurde. Die Todesstrafe für Mörder war das sozusagen! Aber was ist mit der Anstiftung und der Beihilfe zum Mord??? Die blieb natürlich ungesühnt!

Wenn wir uns über die Grundbedürfnisse eines Hundes im Klaren werden wollen, dann sollte uns zuerst einmal bewusst werden, dass wir eigentlich über die Bedürfnisse eines Wolfes sprechen. Hunde und zwar alle, ja, sogar Ihr kleiner mit der rosa Schleife am Kopf, hat in selbigen die gleichen Denkstrukturen und

Denkschemen wie sein Vorfahre. Sorry, dass es so ist, aber ich habe das nicht erfunden, ich versuche es nur zu vermitteln. Und wenn Sie wirklich Ihren Hund glücklich machen wollen und nicht eigentlich nur sich selbst, dann sollten Sie das schnellstens verstehen und akzeptieren. Es liegt doch auf der Hand. Und so schwer kann es doch auch nicht wirklich sein. Jedes Lebewesen will nach seiner Art behandelt werden und hat unterschiedliche Grundbedürfnisse. Wenn ich meinen Wellensittich mit den Grundbedürfnissen eines Goldfisches zufrieden zu stellen versuche, wird er nicht wirklich begeistert sein. Und wenn ich einen Menschen mit den Grundbedürfnissen eines Schweins befriedige, hmmm, wie gefällt Ihnen das? Aber wieso um alles in der Welt, wenn es doch eigentlich soooooo logisch ist, behandeln wir dann Hunde wie Menschen und reden uns noch ein, dass die Hunde dabei glücklich sind? Soll ich Euch was sagen: Ihr irrt Euch, in Wirklichkeit hassen viele Hunde ihre Besitzer. Sie öden sie an und wenn sie logisch denken könnten, dann würden sie von ihnen flüchten und wenn das nicht geht, Selbstmord begehen. Ganz sicher!!!

Jeder, der seinen Hund in irgendeiner Art und Weise vermenschlicht, quält ihn!!!!!!!!

Und deshalb:

Grundbedürfnis Nr. 1 eines jeden Caniden heißt: 24 Stunden täglich Führung.

So, jetzt ist es raus. Und, schockiert? Das kann ich mir vorstellen, denn gemeint ist selbstverständlich, dass Sie Ihren Hund führen und nicht er Sie. Ich erkläre Ihnen auch warum das so ist, ganz einfach. Da Wölfe im Rudel leben und es unter Ihnen eine Rangordnung gibt, dazu später ausführlich mehr, ist es letztlich so, dass einer die anderen führt. Dieser eine trifft alle Entscheidungen. Er legt fest, wann gejagt wird, wer mit zur Jagd geht, wer bei der Jagd welche Aufgabe hat. Wenn die Jagd erfolgreich war, bestimmt er, wer zuerst frisst und wie viel. Darüber hinaus entscheidet er, wann geschlafen oder gespielt wird. Und selbst wer mit wem Sex hat bestimmt er, logischerweise meistens er selbst. Das heißt, er führt die anderen jeden Tag und jede Stunde.

jeder übernimmt ein Stück Verantwortung

Er trifft alle Entscheidungen und wissen Sie was ganz kurios ist? Die anderen fühlen sich dabei „pudelwohl". Denn überlegen Sie doch mal. Ist es schöner die ganze Verantwortung im Leben zu übernehmen oder ist es vielleicht angenehmer, wenn jemand anderes für einen sorgt? Hand aufs Herz, wer von Ihnen möchte gerne Bundeskanzler sein? Für Ihren Hund ist es einfach das Wichtigste, jemand Starkes an seiner Seite zu haben, welcher ihn führt. Und da die meisten Hunde das nicht haben, führen sie selbst. Zwangsläufig sozusagen. Übrigens merken Sie gerade wieder die Parallele zu Kindern? Interessant nicht? Hochinteressant sogar! Das Grundbedürfnis Nr. 2 ist die körperliche Ausarbeitung. Es steht in seiner Wertigkeit zwar deutlich hinter dem Bedürfnis 1, ist aber dennoch extrem wichtig. Wie Sie ja wissen und von mir ja auch ständig vorgebetet bekommen, stammt der Hund vom Wolf ab. Und so ein Wölfchen, was glauben Sie, wie der laufen kann? Ein Wolf kann in einer Nacht locker mal 60 km zurücklegen. Ja, tatsächlich und das ohne Probleme. Und dann kommt er auch am nächsten Tag nicht auf die Idee aus einem Energieüberschuss heraus, auf irgendwelchen Holzbrocken herumzukauen oder die „Höhleneinrichtung" zu ruinieren. Aber wie sieht denn die Realität bei unseren Haushunden aus? Oft gibt es jeden Tag zwei Runden um den Block, und das war's. Tja, aber damit ist der Ärger vorprogrammiert. Gaaaaanz sicher! Meine Faustregel ist, dass ein Hund mittlerer Größe jeden Tag Minimum 2 bis 3 Stunden angespannt laufen muss! Und das ist die unterste Schmerzgrenze! Und wenn Sie dazu nicht bereit sind, dann habe ich einen prima Tipp: Sehen Sie zu, dass Sie Ihren Hund weggeben können! Es wäre besser für ihn und vermutlich auch für Sie. Zumindest langfristig gesehen.

Das Grundbedürfnis Nr. 3 steht im engen Zusammenhang mit dem Grundbedürfnis Nr. 2. Aber diesmal geht es um die geistige Ausarbeitung. Als die Menschen begonnen haben, Hunde zu domestizieren, da war es ihr Gedanke Partner für ihre Arbeiten zu schaffen. Zum einen für die Jagd, zum anderen zum Bewachen und Beschützen. Oder können Sie sich vorstellen, dass ein früherer Mensch dachte, mit meiner Alten macht das Kuscheln keinen Spaß, da domestiziere ich mir eben mal schnell einen Wolf!? Sicher nicht! Und so sind nun mal alle Urrassen mit dem Hintergedanken entstanden, dass sie sich für irgendeine bestimmte Aufgabe eignen sollen. Und egal was Sie heute für einen Hund zu Hause haben, ob Schäferhund, Retriever, Collie, Dackel, Sennenhund, Jack Russel, Airedale Terrier, Rottweiler, Bolldogge oder weiß der Geier was, sie alle wollen nur eines: ARBEITEN! Auch wenn es sich manch einer nicht wirklich vorstellen kann, echt, so ist es. Die wollen freiwillig arbeiten, etwas tun. Und sie können gar nicht genug davon bekommen. Also sind Sie gefordert, Sie wollten doch

einen Hund. Wer A sagt muss auch B sagen. Es gibt so viele Arten von Hundebeschäftigung, suchen Sie sich etwas aus, was Ihrem Hund und Ihnen Spaß macht, und los geht's. Aber dran bleiben, Jeden Tag will er was tun, jeden. Auch sonntags!!!
Grundbedürfnis 2 und 3 können Sie sich auch folgendermaßen vorstellen. Sie haben ein Gefäß und in dieses füllen Sie jeden Tag etwas Flüssigkeit hinein. Egal wie groß das Gefäß ist, irgendwann ist es voll und dann läuft es über. Außer, außer Sie hätten an der Seite, so in halber Höhe ein Ventil, wo Sie regelmäßig etwas Flüssigkeit ablassen können. Und genauso ist es auch bei Ihrem Hund. Mit jedem Tag entsteht in ihm mehr Energie, physische und psychische. Und für den Fall, dass Sie es versäumen, täglich das Ventil zu öffnen und gezielt Energie abzulassen, explodiert irgendwann Ihr Hund. Und diese Explosion kann verschiedene Gesichter haben. Aggressionen, Nervosität und Hyperaktivität oder zum Beispiel auch Zerstörungswut. Auf alle Fälle aber wird es unangenehm. Und sollten Sie zu den 99% der Leute gehören, welche auch Grundbedürfnis 1 nicht stillen, dann sind Sie auf dem besten Weg dahin, was man schlichtweg „verhaltensauffälligen" Hund nennt.
Übrigens, an dieser Stelle lohnt es sich wieder meinen „Kinderparallelenstrich" zu ziehen!!!

Das 4. Grundbedürfnis eines Hundes ist der regelmäßige Kontakt zu Artgenossen. Ich war noch nie ein großer Freund davon, Hunde unter allen Umständen zusammen „spielen“ zu lassen. Am besten noch frei nach dem Motto, „Die machen das schon unter sich aus!“ Aber gezielter Kontakt, ab und zu, muss sein. In der Welpenzeit ist Kontakt mit anderen Vierbeinern unabdingbar, um ein vernünftiges Sozialverhalten zu schaffen. Aber auch später halte ich es für wichtig ein paar Mal die Woche und wenn es für eine viertel Stunde ist Hunde miteinander spielen zu lassen. Der gesunde Menschenverstand schreibt es mir natürlich vor, bei der Auswahl des Spielpartners meinen Kopf etwas anzustrengen. Ideal ist im Normalfall immer ein an-

dersgeschlechtlicher Hund, ähnlicher Größe, mit einem ähnlichen Energieniveau. Und wenn Sie jetzt denken, och ne, mein Hund muss nicht spielen und womöglich beißen die sich dann, er kläfft ja eh immer wenn ein anderer kommt. Freundchen, was glaubst Du, könnte mit ein Grund sein, dass Dein Vierbeiner andere Hunde ankläfft? Komm streng Deine graue Masse an! ER BRAUCHT KONTAKT!!! Wenn es auch nicht der einzige und vielleicht auch nicht der Hauptgrund ist, aber Hunde, die nie mit anderen spielen, zeigen bei Begegnungen fast immer Aggressionen!

So, jetzt kommen mir mal zu etwas angenehmen. Zum Grundbedürfnis Nr. 5. Sie werden begeistert sein, denn auf Platz 5 kommt die Zuneigung durch den Besitzer. Na jetzt sehe ich doch endlich mal ein Lächeln in Ihrem Gesicht! Schön das es Ihnen gut geht. AAAAAber, nicht die 5 auf die 1 schieben!!!! UUUUUUnd, Zuneigung heißt nicht tot kraulen. Denn überlegen Sie doch mal. Wenn der Liebe Gott das Kraulen für die Wölfe als so wichtig erachtet hätte, so hätte er ihnen mit Gewissheit Vorrichtungen angebaut, zum gegenseitigen kraulen. Aber er hat es nicht!!!!!!!

So, jetzt ist es an der Zeit mal einen Selbstcheck zu machen. Damit Sie es schwarz auf weiß sehen, sollten Sie sich beurteilen. Und zwar schriftlich. Machen sie eine Tabelle von eins bis zehn, dazu Grundbedürfnis 1 bis 5, und los geht's. Und bei der Gelegenheit lassen Sie gleich mal andere, Ihnen bekannte Hundebesitzer durch das Sieb der 5 Grundbedürfnisse. Und, macht Spaß, stimmt's!? Und schon wissen Sie, wo die Probleme liegen. Und nun sollten Sie einen Plan aufstellen, wie Sie den schiefen Turm gerade rücken, bevor er umstürzt. Und dann, geht es mit Vollgas weiter!

Anja mit „Luna" - Zuneigung von beiden Seiten

Ihr Hund ist kein Fastfood Junkie!!!

So, dann möchte ich Ihnen mal den nächsten schwerverdaulichen Happen vorsetzen. Aber ich werde, damit sie an den Happen rangehen, keine künstlichen Geschmacksverstärker und Aromen beimischen, ich serviere ihnen den „Leckerbissen“ wie sie es ja inzwischen von mir gewohnt sind, knallhart.
Was glauben Sie, wenn Sie mit Ihrem Hund so durch die Supermärkte schlendern würden, an welcher Stelle wäre er vor Freude aus dem Häuschen? Vielleicht am Zeitschriftenregal, wegen der vielen schönen Hundezeitungen? Oder bei den CD's, weil so manch moderne Musik etwa so klingt als hätte es der Kumpel ihres Hundes eingejault? Ne, das ist natürlich alles Käse. Hmmmm, das Käseregal? Das wäre bestimmt auf der Hitliste ganz oben oder zumindest fast. Auf keinen Fall ganz oben wäre die Tierabteilung mit all den bunten Säcken, Schällchen und Döschen. Denn, Ihr Hund steht nicht auf die Chemiekeule, er ist kein Fastfood Junkie, er ist ein Naturbursche. Und zwar ein richtiger! Und weil das auch die Futtermittelindustrie erkannt hat, die Jungs und Mädels sind ja nicht von Dummsdorf, werben die mit dem Slogan: „Natur, Fleisch, Gemüse...!“ Und genau das ist es. Ihr Hund hat nur

ein Ziel, wenn er im Supermarkt auf Entdeckungsreise geht und zwar die nette Tante am Fleischstand! Ja, ganz genau die, die findet er Superspitzenextraklasse!!!! All die bunten Sachen aus der Tierabteilung, die gehen ihm meilenweit an seinem haarigen Popo vorbei. Er will sie nicht. Er hat keinen Bock drauf. Ist es denn wirklich so schwer zu verstehen. Ihr Hund stammt vom Wolf ab und alles was er will ist sich so zu ernähren wie es seine Vorfahren getan haben. Und damit Punkt, denn genauso und nicht anders ist es. Und aus eigener Erfahrung weiß ich, dass es dem Hund, der wählen könnte, zu 99,9 % nicht nur aus geschmacklichen Gründen zum Fleisch zieht, sondern, dass es eine ganze Reihe mehr vernünftiger Gründe gibt. Aber mit Vernunft lässt sich bekanntlich nicht wirklich viel Geld verdienen. Also, schmeißen wir die Vernunft über Bord.

Und auch in diesem Bereich, im Bereich der Ernährung, lassen sich wunderbare Vergleiche ziehen, zwischen uns Menschen und unseren Hunden. Ich möchte hier nicht zu sehr in das Detail gehen und ich bin auch kein Ernährungsexperte. Alles was ich habe, ist mein gesunder Menschenverstand und die Erfahrung mit meinen eigenen Hunden. Ich habe selbst viele Würfe Welpen gezüchtet und allein weit über 100 Blindenführhunde bei mir in der Ausbildung gehabt, ich spreche also einfach nur aus der Praxis. Und die sieht so aus, dass ich im Jahre 2001 durch einen Welpenkäufer auf die sogenannte B.A.R.F. aufmerksam gemacht wurde. Die Abkürzung B.A.R.F. steht im deutschen für Biologisch Artgerechte Roh Fütterung. Ich war damals skeptisch und fand eigentlich unserer bunten Säcke viel schöner, aber meine damalige Frau blieb hartnäckig dran und wie Frauen so sind hat sie begonnen einige Hunde umzustellen. Zur gleichen Zeit hatten wir gerade das Problemchen oder sagen wir doch lieber Problem, dass unsere Hunde süchtig zu sein schienen nach Kot. Das ging so weit, dass noch während ein anderer Hund gerade Kot absetzte, schon der nächste diesen fraß. Echt ekelhaft und ich hoffe sehr Sie sitzen nicht gerade am Abendbrottisch! Man muss wissen, dass ich zu dieser Zeit natürlich das teuerste und „beste" Futter fütterte. Meinen Hunden sollte es ja schließlich richtig, richtig gut gehen. Aber langsam wurde ich skeptisch! Deshalb sprach ich meinen Futtervertreter an, einer von den Jungs im Anzug, der einen auf Kumpel macht und kleine Kalender und Kugelschreiber verschenkt, damit man mehr bestellt. Er konnte da natürlich keinen Zusammenhang sehen. So etwas hatte er noch nie gehört. Nein, auf keinen Fall. Ich dachte, er flippt gleich aus. Ich glaube, hätte ich seine Frau beleidigt, dann wäre das für ihn weniger schlimm gewesen. Auf jeden Fall wollte ich der Sache auf den Grund gehen. Und so ließ ich den Kot meiner Hunde genauestens untersuchen. Und was glauben Sie, kam dabei heraus? Im Kot waren noch die glei-

chen Duft- und Lockstoffe, welche auch im Futter sind. Diese werden nämlich nicht komplett verdaut. Für mich war das der Hammer. Aber dann wurde mir klar, dass ohne diese Stoffe der Hund das Zeug gar nicht fressen würde. Aber spinnen wir den Faden mal weiter. Letztlich heißt das doch dann auch, dass, wenn ich einen Haufen Sägespäne nehme und diese schön presse und eine gehörige Portion Duft- und Lockstoffe rankrache, dann frisst der Hund das auch. Super!!!!
Aber das ist bei Weitem nicht der einzige und auch nicht der letzte Grund, welcher mich der Futtermittelindustrie skeptisch gegenüber stehen lässt. Und sind wir mal ehrlich, wir Menschen ernähren uns katastrophal, mit der Konsequenz, dass zwar die Lebenserwartung steigt, aber wir immer eher krank werden. Und genau den gleichen Trend gibt es bei unseren Hunden. Ja, früher wurden Hunde vielleicht im Durchschnitt 11 Jahre alt. Bis 10 waren sie kerngesund. Dann wurden sie krank und anschließend sind sie gestorben. Heute werden Hunde locker bis 13 Jahre alt und darüber hinaus. Jedoch spätestens mit 5 beginnen die Wehwehchen. Und damit ein oft qualvolles Hundeleben! Haben sie schon einmal darüber nachgedacht, ja, sie müssen schon wieder denken, warum viele Krankheiten explosionsartig zunehmen: Zahnerkrankungen, Diabetes, Allergien, Knochenkrankheiten, Magendrehungen...?

Neben den gesundheitlichen Konsequenzen gibt es aber noch einen weiteren Aspekt, welcher zumindest teilweise auf eine ungute Ernährung zurückzuführen ist. Ich spreche von dem Zusammenhang zwischen der Ernährung und der körperlichen Verfassung. Bei Sportlern und auch bei Hunden, welche besondere körperliche Leistungen zu vollbringen haben, ist es letztlich gewollt durch gezielte Fütterung mehr Leistungsfähigkeit zu erreichen. Aber der Schuss kann ganz schnell auch nach hinten losgehen. Jeder Arzt wird bei Kindern, welche an ADS oder ADHS leiden, auch die Ernährung mit ansprechen. Was glauben sie entsteht in einem Kind, welches sich permanent nur mit Chips und Schokolade, Schokolade und Chips vollstopft? Und zwischendurch noch eine schöne Cola und einen Burger. Durch bestimmte Stoffe werden im Körper bestimmte Vorgänge ins Laufen gebracht und so kann schnell ein Übermaß an Energie entstehen. Diese Energie wiederum führt bei wenigen Gelegenheiten zu ihrem Abbau, zu Nervosität und Hyperaktivität. In manchen Fällen sogar bis hin zu Übersprungshandlungen in den Bereichen der Aggression. Und das bei Tieren genauso wie bei Menschen. Traurig aber wahr!

Ich könnte noch viele Beispiele und Erklärungen bringen, damit Sie die Ernährung Ihres Hundes verändern, aber dies ist kein Buch über dieses spezielle Thema. Allerdings kann ich es Ihnen, auch im Namen Ihres

Hundes, nur wärmstens an das Herz legen: „Denken Sie in einer ruhigen Minute einmal über die Ernährung Ihres Hundes nach!“ Es gibt tolle Bücher darüber und auch im Internet unzählige Berichte und Tipps. Bilden Sie sich Ihr eigenes Urteil, und dann handeln Sie! Bevor es zu spät ist!!!

Und vielleicht denken Sie bei dieser Gelegenheit ja gleich einmal über Ihre eigene Ernährung nach!?

Alle reden von korrekter Rangordnung, aber keiner hat sie!

Gehen wir mal davon aus, dass Sie das ernsthafte Ziel haben, die Beziehung zu ihrem Hund zu perfektionieren. Jetzt haben Sie nach der bisherigen Lektüre gelernt, dass Sie selbst im Einklang mit der Natur leben müssen, dass Sie die Grundbedürfnisse Ihres Hundes zu befriedigen haben und sich auch über dessen Ernährung Gedanken machen sollten. Und nicht nur Gedanken machen, letztlich natürlich auch handeln! Und wenn Sie damit wirklich begonnen haben, dann sind Sie schon einmal auf einem guten Weg.

Und nun, kommen wir zu dem aller, aller, aller, aller, aller, aller, aller Wichtigsten. Dem Aufbau einer korrekten Rangordnung. Und obwohl das Thema erst mal sehr trocken klingt, verspreche ich Ihnen, Sie werden es lieben.

Wenn Sie Ihren Hund wirklich gern haben und das setze ich hiermit voraus, dann ist es unabdingbar, sich mit dem Aufbau einer korrekten Rangordnung bzw. mit der Korrektur derselbigen zu befassen. Denn, Sie wissen es doch inzwischen, Sie haben es doch gelernt, das wichtigste Grundbedürfnis eines Hundes ist es, 24 Stunden täglich geführt zu werden. Und um dies zu ermöglichen, müssen Sie in der Rangordnung nun mal ganz oben sein. Denn der, der oben ist führt nun mal den der unten ist. So einfach ist es. Und wenn Sie Ihren Hund wirklich mögen, also wirklich ganz aufrichtig und mit der Liebe zu ihm nicht nur sich selbst meinen, dann sehen Sie zu, dass Sie der Boss werden. Und ich verspreche Ihnen, wenn Sie das schaffen, dann wird sich in ihrem Leben noch einiges mehr verändern, als das nur Ihr Hündchen auf Sie hört.

O.k., let's get ready to ruuuuuuuuuuuuuumbleeeeee! Also, Sie haben es ja bereits vernommen, dass es im Kopf unserer Hunde genauso zugeht wie im Kopf eines Wolfes. Die gleichen Denkstrukturen, die gleichen Glaubenssätze. Unsere Hunde wissen nicht, dass wir im Jahr 2011 leben, dass alles gut versichert ist, dass Futter im Kühlschrank steht und alle in der Familie sich so wahnsinnig lieb haben. Für ihn geht es nur um eines, um das blanke Überleben. Jeden Tag aufs Neue geht es für ihn nur darum, mit den Hintern an die Wand zu kommen. Genauso wie bei seinem wilden Vorfahren. Und das erste, was die Natur eingerichtet hat, war, dass Wölfe gemeinsam im Rudel leben und nicht als Einzelgänger. Ein Wolf wäre als Einzelgänger kaum überlebensfähig. Als Rudel hingegen sieht die Sache in jeglicher Hinsicht da draußen in der Wildnis schon mal ganz anders aus. Und dieses Verhalten, die Bildung bzw. der Anschluss an eine Gruppe, ist unseren Haushunden ins Blut gelegt. Deswegen ist auch die

erste, primär wichtigste Frage, welche ein Hund sich stellt: Wer gehört alles zu unserem Rudel? Papa, Mama, die Katze, Oma, Opa, die Uroma, Tante Adele, Onkel Jochen, der kleine Kevin und die kleine Sophie. Alle, die zur Familie gehören und regelmäßig direkten Kontakt haben, gehören dazu.
O.k., damit hat sich Ihr Hund die erste Frage schon einmal beantwortet. Und nun kommt Frage zwei: Und wer ist in unserem Rudel nun der Chef? Und diese Frage ist die wichtigste Frage überhaupt im Leben Ihres Hundes. Denn aus seiner Sicht geht es ja bekanntlich um das nackte Überleben. Und da ist kein Platz für Sentimentalitäten. Also, ich meine damit, dass Ihr Hund kaum auf die Idee kommen wird zu sagen: „O.k. Frauchen, du bist zwar eine totale Pfeife, aber um dich psychologisch ein wenig aufzubauen, ordne ich mich dir unter." Nein, so läuft das ganz bestimmt nicht. Und von Demokratie, Kommunismus oder Anarchie haben die Wölfe und die Hunde auch noch nie etwas gehört. Für sie ist es von allergrößter Bedeutung, dass der Chef derjenige ist, welcher der Stärkste ist. Denn, je stärker der Chef, umso größer die Überlebenschance für das Rudel. Und genau diese Frage stellt sich ein Hund, wenn er nach Hause zu Ihnen kommt und Einzug hält. Wer gehört zu unserem Rudel und wer ist hier der Chef?

Konzentration auf den „Chef" - Heiko mit „Joy"

Ja, aber wer ist denn nun hier der Chef oder anders gesagt wie bekomme ich es denn hin, dass ich der Chef bin. Mache ich es wie bei meinen Kindern, mit viel Nachgiebigkeit und „Leckerlies“ oder wie bei meinen Geschäftspartnern mit Bestechung oder vielleicht wie bei meiner Mama, wenn ich Kohle brauche, mit der Mitleidstour? Aber, weit gefehlt. Keine dieser Taktiken wird auch nur ansatzweise zum gewünschten Erfolg führen. Denn in der Natur ist es ganz einfach. Automatisch wird der zum Chef, welcher den stärksten Charakter hat. So einfach ist das! Das ist das Gesetz der Natur und es läuft ganz einfach und automatisch ab. Und wir haben keinen direkten Einfluss darauf. Keinen! Die einzige Möglichkeit, welche wir haben ist es, es zu verstehen und danach zu handeln. Und, letztlich selbst dadurch zu lernen und im Leben zu wachsen. Ja, Sie haben es richtig gelesen. Wir können aus dieser ganzen Sache etwas lernen und daraus wachsen. Das hatte ich Ihnen doch schon anfangs gesagt. Glauben Sie es endlich, Sie müssen die Sache nur offen angehen. Was glauben Sie wie oft Kinder oder auch Erwachsene, nachdem ich mit ihnen gearbeitet hatte bzw. nachdem sie meine Seminare besucht haben, zu völlig anderen Menschen geworden sind. Sie haben das System kapiert und damit verstanden an sich arbeiten zu müssen um mit ihrem Hund klar zu kommen. Und unbewusst nebenher, waren sie plötzlich ganz andere Menschen. Plötzlich hat sich ihr ganzes Leben verändert. Das ist doch phantastisch, oder!? Also, automatisch wird der Stärkste, dass heißt also der mit den stärksten, mit dem meisten positiven Charaktereigenschaften zum Chef. Um das zu verstehen und vor allem beeinflussen zu können, müssen wir zuerst wissen, dass ein Hund in jeder Sekunde Erfahrungen mit uns macht, die er sich für immer merkt. Er hat ein perfektes Langzeitgedächtnis!!! Ich sage immer zu meinen Kunden, dass man sich das so vorstellen muss, dass der Hund immer einen Stift und einen Zettel dabei hat und sich alles notiert. Die starken, aber auch die schwachen Momente, welche er von und mit uns erlebt. Einfach alles! Und so macht er sich ein Bild von uns. In dieses Bild fließt aber nicht nur jede praktische Erfahrung ein, sondern auch unsere Körpersprache, unsere Gestik und Mimik, eben alles was für einen kompletten Eindruck so benötigt wird. Das heißt nach kurzer Zeit hat der Vierbeiner ein ziemlich genaues Bild von uns und mit jedem Tag wird es schwerer dieses Bild zu korrigieren. Wenn im Gehirn des Hundes eine viele hundertmal gefestigte neuroassoziative Verbindung entstanden ist und diese aufgrund von inkonsequenten Verhalten „seiner" Menschen, dann wird der Hund nicht verstehen und es problemlos akzeptieren, wenn der zweibeinige Besitzer plötzlich versucht konsequent zu sein. Deswegen sagt der Volksmund ja auch, dass, wenn das Kind einmal in

den Brunnen gefallen ist, es so ohne Weiteres da nicht wieder rauskommt.
Und in der Regel ist es ja leider so, dass die Erfahrungen, welche ein Hund so mit uns Menschen sammelt, nicht gerade die sind, welche für die Stärke des Menschen sprechen. Letztlich erlebt der Hund doch fast immer, dass er sich durchsetzen kann und dass der Mensch eigentlich eine kleine Leuchte ist. Er zieht an der Leine, der Mensch fliegt hinterher. Er bleibt stehen um zu schnüffeln, der Mensch wartet. Es kommt ein anderer Hund und er will hin, der Mensch hoppelt hinterher. Und so geht das weiter und weiter und weiter. Wer benimmt sich denn nun hier wie der Chef? Der Hund oder der Mensch? Ich muss ganz ehrlich sagen, dass ich wirklich manchmal deprimiert darüber bin, wie erwachsene Menschen sich verscheißern lassen!!! Aber, warum verhalten sich so viele Menschen so? Aus Unwissenheit oder warum dann? Ich sage es Ihnen und bitte seien Sie nicht zu sehr beleidigt. Ganz einfach, weil es ihr Charakter ist! Leider, so ist es!!!

Aber nicht traurig sein, liebe Freunde, es gibt Hoffnung. Frei nach unserem Motto: „Ändere Dich, dann ändert sich Dein Hund!“ Und das ist auch sehr nötig, denn Dein Hund beantwortet gerade die zweite Frage und es sieht schlecht für Dich aus. Er hat nämlich folgende Feststellung getroffen: „Also, die Menschen um mich herum sind mir unterlegen. Ich kann mich ihnen gegenüber durchsetzen, ich dominiere sie. Sie können das Rudel nicht führen, denn dann wären wir nicht überlebensfähig. Also, muss ich es führen!!!!"

Herzlichen Glückwunsch, Sie haben verloren! Nun sollten wir aber sehen, dass wir Veränderungen erzielen. Also, wie ist das mit Ihren Charaktereigenschaften, was ist in Ihnen drinnen und was strahlt nach außen? Haben Sie sich schon einmal hingesetzt und Ihren eigenen Charakter analysiert? Dann wird es höchste Zeit. Aber seien Sie ehrlich zu sich selbst. Oder für den Fall, dass es Ihnen schwer fällt zu sich selbst ehrlich zu sein, habe ich einen anderen Vorschlag. Was halten Sie davon, wenn Sie den Charakter Ihres Partners analysieren und er den Ihren!? So wird ein Schuh daraus. Aber auch hier gilt, immer schön ehrlich sein. Und seien Sie nicht beleidigt, wenn Sie nicht so gut dabei wegkommen. Der Anfang von Veränderungen ist nicht einfach, da kann es schon mal wehtun. Also, für den Fall, dass Ihr Partner Ihnen sagt, dass Sie inkonsequent sind und wenig Durchsetzungsvermögen haben, dann müssen Sie sich deswegen nicht gleich scheiden lassen. Obwohl, wenn ich es mir recht überlege, mit Ihrem wenigen Durchsetzungsvermögen besteht da ja eh überhaupt keine Gefahr. In meinen Kursen und Seminaren da ist es so, dass sich jeder erst einmal gründlich analysieren muss. Und glauben sie mir, dass hat noch keinem geschadet.

Ganz im Gegenteil, in dem Moment wo diese Aufgabe gewissenhaft und korrekt erledigt wird, da beginnt bereits der Weg zur Veränderung. Los, machen Sie, beginnen sie schon! Jetzt sind sie schon wieder an der Reihe. Vielleicht hilft es Ihnen auch, wenn ich Ihnen noch ein paar Hintergrundinformationen betreffs Ihres Charakters gebe. Denn, können Sie mir sagen, warum Sie so sind wie Sie sind? Das ist eigentlich ganz einfach. Einen Teil unseres Charakters haben wir auf Grund unserer Eltern und Vorfahren. Er ist genetisch bedingt und so ganz automatisch werden wir ein wenig so wie unsere vorherige Generation. Ob uns das nun passt oder nicht. Kennen sie den Ausdruck, wo eine Frau zu ihrem Mann sagt: „Schatz, wenn ich so werde wie meine Mutter, dann erschieß mich bitte!"? Mit solchen Aussagen wäre ich aufgrund dieser Tatsachen sehr, sehr vorsichtig. Die andere Hälfte unseres Charakters entsteht aus den Ereignissen heraus, welche wir in unserer Kindheit oder aber auch in unserem späteren Leben so erfahren. Wichtig aber ist, dass wir in diesem Moment begreifen, dass dieser Vorgang sowohl bei uns Menschen als auch bei unseren Hunden weitestgehend steuerbar ist. Wir können das für uns selbst in die Hand nehmen, unsere Hunde sind auf uns angewiesen. Ich hoffe Sie verstehen das, wenn nicht, helfe ich Ihnen im nächsten Kapitel auf die Sprünge. Denn, nun wissen Sie zwar wie eine Rangordnung entsteht und Sie können auch einschätzen wie weit das bei Ihrer Familie und Ihrem Hund passt, aber noch wissen Sie nicht genau wie sie diese korrigieren. Aber jetzt geht es an das Eingemachte, jetzt erkläre ich Ihnen wie Sie der ideale Rudelchef werden!

Von nichts kommt nichts
oder
warum die Ausstrahlung strahlt!

Wussten Sie, dass Ihr Charakter strahlt? Oder soll ich lieber fragen, ob Sie sich dessen bewusst sind? Ja, so ist es. Und durch diese Tatsache ist es auch zu erklären, dass bei mir beinahe jeder Hund innerhalb von Sekunden das gewünschte Verhalten zeigt. Es ist kurios und für so manchen Hundebesitzer auch mitunter deprimierend, aber ich kann behaupten, dass 99 % aller Hunde nach maximal einer Minute bei mir ohne rohe Gewalt, ruhig, ausgeglichen, freudig und frei, an lockerer und tiefdurchhängender Leine bei Fuß gehen und auf Anhieb keine anderen Hunde mehr ankläffen. Das liegt zum einen daran, dass ich bei der Arbeit mit all den vielen Hunden die Hundesprache perfekt gelernt habe und diese dann auch anwende, zum anderen aber vor allem daran, dass ich auf Grund meiner Ausstrahlung sofort den nötigen Respekt schaffe. Und das dauert nur Sekunden. Seien Sie sich darüber im Klaren, dass in dem Moment, wo Sie einem Hund gegenüberstehen, sich dieser bereits ein erstes Bild von Ihnen macht. Ich habe für Sie zwei Beispiele, welche das untermauern. Zum ersten, denken Sie an die Situation, wenn sich zwei fremde Hunde begegnen. Sie stehen sich gegenüber und bereits nach wenigen Sekunden, nur aufgrund des ersten Eindruckes, hat jeder Hund ein Bild von dem anderen. Und dann entscheiden sie, ob sie sich mögen oder nicht. Und denken Sie einmal an die Situation, wenn Sie das erste Mal einem Menschen begegnen. Haben Sie dann nicht in der Regel auch sofort ein Bild von diesem? Merken Sie nicht sofort, dass Sie zu dem einen, einen heißen Draht haben und einen anderen nicht riechen können? Doch, so ist es. Und dies alles ist der erste Eindruck. Der erste Eindruck aufgrund der Ausstrahlung. In meinen Seminaren bitte ich immer einen der Teilnehmer zu mir nach vorn. Dann lasse ich andere, die diese Person nicht kennen, selbige in ihrem Charakter beurteilen. Alles nur auf Grund des ersten Eindruckes. Und soll ich Ihnen etwas sagen. Die Trefferquote liegt bei über 95%!

Aber wie kann ich nun meinen Charakter, meine Ausstrahlung, dass was letztlich aus mir herauskommt steuern? Ganz einfach, durch das, was Du in Dich hineinfüllst. Ist doch logisch, oder? Aus einem Menschen kann doch immer nur das herauskommen, was auch vorher hinein gefüllt wurde. Und das ist nicht nur bei Menschen so. Wenn ich in einen Eimer jeden Tag den Kot meines Hunde werfe und nach einer Woche schütte ich ihn aus, dann kommt in aller Regel da ja auch kein Kuchenteig heraus!

Also, die Frage ist, was fülle ich in mich hinein und wie befülle ich mich bzw. lasse ich mich bewusst befüllen. Wenn ich den ganzen Tag nur Dinge im Radio höre, die negativ sind, wenn ich den ganzen Tag nur Sachen in der Zeitung lese, die negativ sind, wenn ich mich nur mit Menschen umgebe, welche ständig darüber reden wie schlecht alles ist, wenn ich mit anderen Hundehaltern rede und die mir erzählen, dass ihr Hund nicht hört, wenn Du mit Deiner Gesundheit bewusst schlecht umgehst, indem Du jeden Tag Alkohol trinkst und rauchst, wenn Du keinen Sport treibst und Dich müde und kaputt fühlst, wenn Du ständig im Streit mit Deinem Partner und Deinen Kindern bist, wenn Dir dein Job keinen Spaß macht, wenn Du also jeden Tag nur unangenehme Dinge aufnimmst, ja, weißt Du, was dann passiert? Ich sage es Dir. Jeder Mensch hat jeden Tag ca. 50000 Gedanken, die meisten davon entstehen unbewusst. Und diese Gedanken werden gesteuert, durch das, was Du in Dich Tag für Tag hineinfüllst. Und wenn Du nur negative Dinge in Dich füllst, mein Freund, aus Gedanken werden Taten. Und wenn Du in der Lage bist eins und eins zusammenzuzählen, dann weißt Du, was das bedeutet. Ja genau, es bedeutet, dass Deine Ausstrahlung, der erste Eindruck den anderen Menschen oder auch Dein Hund von Dir bekommt, kein besonders toller ist. Soll ich Dir ein kleines Beispiel geben? Was glaubst Du, wird ein Mensch, der immer nur anderen gegenüber unfreundlich ist, weil er unsozial ist und noch nie in seinem Leben geteilt hat, der ein Eigenbrödler ist, der von sich selbst behauptet, dass er andere Menschen nicht mag, was wird diese Person für einen ersten Eindruck auf Dich machen, wenn Du sie kennenlernst?

Anja mit „Luca"

Glaubst Du, Du wirst Dich zu ihr hingezogen fühlen? Ich kann es mir nicht vorstellen! Und deswegen, beginne ganz bewusst damit Dich zu befüllen. Glaube mir, ich weiß ganz genau, wovon ich spreche. Wenn Sie mich vor 5 Jahren kennengelernt hätten, dann hätten Sie einen vollkommen anderen Menschen kennengelernt, als ich es heute bin. Aber ich habe erkannt, dass ich etwas tun muss und dass ich mich ändern kann. Tja, und dann habe ich damit angefangen ein positiverer Mensch zu werden. Denn, was glauben Sie, wen negative Dinge anziehen? Niemanden und auf gar keinen Fall Ihren Hund. Ich habe mich von heute auf morgen geändert, indem ich mich nur noch mit positiven Menschen umgeben habe, indem ich angefangen habe tolle Bücher zu lesen bzw. Hörbücher zu hören, indem ich spektakuläre Seminare besucht habe und indem ich einfach begonnen habe wieder zu träumen. Aber vor allem habe ich aufgehört zu jammern, Fernsehen zu schauen und die Klatschpresse zu lesen. Kampf der Verblödung!!!!

So, jetzt wissen Sie es. Aber bitte tun Sie mir den Gefallen und glauben Sie jetzt nicht, ich wäre vielleicht als Kind einmal zu heiß gebadet worden oder so was. Denn wie kann man positiv drauf sein, wenn die ganze Welt verrückt zu sein scheint? Aber glauben Sie denn ernsthaft, die Welt wird besser, weil sie eine Fresse ziehen? Das wage ich zu bezweifeln. Aber wenn Sie anfangen positiv zu werden, andere anstecken so wie

ich es jeden Tag versuche, dann verändern Sie die Welt! Ist das nicht großartig? Und was glauben Sie wie gut jetzt erst Ihr Sexleben wird! Ich hatte es Ihnen doch am Anfang meines Buches versprochen!
Ich verspreche Ihnen, wenn sie es schaffen sich mit anderen Dingen zu befassen und den ganzen alten Kram hinter sich zu lassen, wird sich nicht nur das Verhalten Ihrer Mitmenschen Ihnen gegenüber ändern, sondern vor allem auch das Verhalten Ihres Hundes! Das, was Sie brauchen, sind die Eigenschaften des Siegers!

Der Charakter des Siegers!

So, und wie sehen Sie denn nun aus, die Charaktereigenschaften des Siegers? Ich verrate es Ihnen sofort, seien Sie doch nicht so ungeduldig. Sie sind ja richtig aufgeregt, so kenne ich Sie doch gar nicht! Zeigen sich da bereits die ersten Folgen Ihrer neuen Lieblingslektüre? Das ist ja phänomenal!!! Und jetzt werden Sie gleich noch begeisterter sein.

Seit 1996, seit ich professionell mit Hunden und ihren Besitzern arbeite, habe ich mich gefragt, wie sehen die optimalen Trainingsmethoden aus. Ich habe anfangs diese Methoden ständig verbessert und verfeinere sie noch heute, aber sehr schnell habe ich gemerkt, dass es nicht nur auf die Ausbildungs- bzw. Trainingsmethoden ankommt, sondern wie in meinem Buch ja bereits ausdrücklich beschrieben, auf den am anderen Ende der Leine. Das erste Mal, als ich darauf mit der vollen Breitseite aufmerksam wurde, war, als ein Mann seinen Blindenführhund nach einigen Monaten nicht mehr wollte. Am Anfang hatte alles perfekt geklappt, aber inzwischen ging fast gar nichts mehr. Der Hund war in keiner Weise, nicht mal mehr im Ansatz, so wie früher. Er arbeitete absolut unsauber, zeigte keine Borde mehr an, verweigerte das Nahzielführen, zog zu anderen Hunden und natürlich auch an der Leine.

Man kann es mit wenigen Worten genau auf den Punkt bringen: Der Hund verscheißerte sein blindes Herrchen nach Strich und Faden. Und dieser hatte auch bald die Nase voll und wollte selbigen nur noch los haben. Also fuhr ich mit meinem Hund und einem unguten Gefühl im Magen wieder nach Hause. Hatte ich denn wirklich bei der Ausbildung versagt? Genau einen Tag später meldete sich bei mir ein anderer Blinder, er war völlig am Boden zerstört. Sein Führhund war letzte Nacht verstorben und das war für ihn mehr als nur der Verlust eines Hundes bzw. eines Hilfsmittels. Und der Mann wollte so schnell wie möglich einen neuen Hund. Ich sagte ihm, dass es Minimum 9 Monate dauern wird, bis ich für ihn einen Führhund fertig hätte, aber Moment, da fiel es mir ein. Ich hatte doch noch den Rex, den Hund, den ich erst gestern bei dem anderen Blinden abgeholt hatte. Ich erzählte dem Mann ehrlich die ganze Geschichte, auch meine Zweifel betreffs der Qualität des Hundes, denn schließlich hatte der erste Besitzer ihn als „Katastrophe“ bezeichnet. Doch trotz aller Zweifel, nur wenige Stunden später stand er bei mir vor der Tür, er beschäftigte sich eine halbe Stunde mit Rex und sagte: „Den will ich haben!“ Nachdem ich am nächsten Tag alles mit dem Kostenträger geklärt hatte, begannen wir mit der Einarbeitung und was soll ich Ihnen sagen: Es war perfekt! Bereits nach wenigen Tagen waren die beiden ein Team und sie sind es über 10 Jahre gewesen! Der Hund hat immer gut gearbeitet und all die Macken, welche er bei dem ersten Blinden hatte, nie wieder gezeigt!

Ein weiteres Beispiel stammt aus den ersten Monaten meiner Tätigkeit im Bereich der Familienhundausbildung. Damals war ein Kunde bei mir im Training mit einer Schäferhündin. Sie war ca. 2 Jahre alt und völlig überdreht. Der Besitzer hatte sie vom Welpenalter an, aber er hatte sich nie besonders um das Tier gekümmert. Und jetzt wo die „Kacke am Dampfen" war, kam er an: Der Hund zerrt, der Hund haut ab, der Hund geht auf andere Hunde! So seine Vorstellung des Vierbeiners. Und all das war noch geschmeichelt, es war wirklich extrem. Nach einigen Trainingsstunden, die nur geringe Besserung brachten, rief der Mann mich an und sagte er gäbe den Hund ab, das hätte alles keinen Sinn, der Hund sei eh verhaltensgestört.

Es dauert keine vier Wochen, da stand der Hund wieder bei mir auf dem Hof, aber diesmal mit einer Frau am Ende der Leine. Sie wollte sich bei mir zur Hundeschule anmelden. Und soll ich Ihnen etwas sagen. Schon vor Beginn des Trainings war der Hund völlig anders und am Ende der Ausbildung ein absolut sozialer, gehorsamer und ausgeglichener Hund.

Das letzte Beispiel stammt aus der jüngeren Vergangenheit. In unseren Kursen ist es üblich, dass am Ende die Mensch-Hund-Teams eine Prüfung ablegen.

Als eine Dame im gesetzten Alter mit ihrem kleinen Mix mit der Prüfung fertig war, bestätigte sich an diesem Tag die inkonsequente Umgangsform der Frau mit ihrem Hund. Er lief nur schlecht an der Leine, zeigte kein korrektes „Sitz- und Platzbleib“ und auch das Abrufen war nicht eine Katastrophe. Die beiden erhielten von mir 35 von 60 Punkten, durchgefallen. Da kam mir eine Idee, denn ich wollte der Frau unbedingt klar machen, dass das Problem nicht der Hund, sondern sie selbst ist. Deshalb bat ich eine Zuschauerin, welche selbst eine gute Hundehalterin ist und den kleinen Mix nicht kannte, diesen zu nehmen und die Prüfung noch einmal zu laufen. Und, raten Sie mal! Ich hätte den beiden 59 Punkte gegeben. Es war nahezu perfekt.
Fragst Du Dich jetzt, warum diese Geschichten so und nicht anders abgelaufen sind? Ganz einfach! All diese Personen hatten einen ganz besonderen Charakter. Den Charakter eines Siegers!!!
Seit ich meine Schule betreibe, habe ich mein ureigenes Forschungsprojekt laufen. Ich habe mir angewöhnt, für jede Person, die in meine Schule kommt, eine Karteikarte anzulegen und auf dieser zu vermerken, welche Charaktereigenschaften die Person hat und wie gut sie mit ihrem Hund klar kommt. Und das Resultat meiner Forschungen ist klar und deutlich. Um genau zu sein, klarer geht es nicht mehr! Alle die, welche ich so einschätze, dass sie ihren Hund sehr gut

unter Kontrolle haben, haben weitgehend die gleichen Grundcharakterzüge. Aber wissen Sie, was selbst mich umgehauen hat? Alle diese Leute sind genau die Menschen, die auch alle anderen Bereiche ihres Lebens zu beherrschen scheinen. Sie haben ein glückliches Familienleben, stehen mit beiden Beinen im Berufsleben, sind meist begehrt als Freunde. Sie führen einfach ein ganzheitlich erfülltes Leben. Am Anfang, als ich diese Tatsache bemerkte, war ich etwas verwundert. Doch inzwischen ist es mir klar, warum das so ist. Ganz einfach, Hunde sind unser Spiegel und sie zeigen uns einfach knallhart wo wir im Leben stehen. Und wer mit seinem Hund nicht klarkommt oder sich vielleicht nur einredet, dass er klarkommt, der kommt auch im Leben nicht zurecht. So und nicht anders ist das. Und glauben Sie mir, ich kann Ihnen diesbezüglich tausende Beispiele vorlegen. Und weil das so ist, ist der Hund auch eine große, vielleicht die größte Chance an sich selbst zu arbeiten, Sie haben es schließlich in der Hand. Wollen Sie ewig hinter ihrem Hund herfliegen? Wollen Sie ewig erleben, dass immer die anderen die Gewinner sind? Glauben Sie nicht, dass es schöner wäre ein glückliches Familienleben zu führen? Worauf warten Sie noch, beginnen Sie! Und ich erkläre Ihnen, welche sieben Grundcharakterzüge diese Leute haben! Also, da wäre zuerst einmal das, was dem Deutschen mit zunehmendem Maße gar nicht mehr in den Sinn kommt. Und zwar SELBSTVERANTWORTUNG.

All diese Leute haben begriffen, dass sie für alles, was in ihrem Leben geschieht, selbst verantwortlich sind. Bei uns in der Hundeschule stelle ich immer am Anfang der gemeinsamen Arbeit die Frage, wo die Ursachen für das Fehlveralten des eigenen Hundes liegen. Was glauben Sie, was ich da für Antworten bekomme. Am Züchter, am Vorbesitzer, am Nachbarn, an der schlimmen Erfahrung vor 2 Jahren...! Aber die wenigsten kommen auf die Idee, dass es an ihnen selbst liegen könnte. Nur, dass Problem bei der ganzen Sache ist, dass, wenn die Ursachen für das Fehlverhalten des Hundes nicht bei mir liegen, ich letztlich auch nichts ändern kann. Denn mein Einfluss auf Dinge, die gestern waren und die andere verursacht haben, ist doch sehr stark begrenzt! Ich habe aber ganz allgemein noch nie einen erfolgreichen Menschen kennen gelernt, welcher nicht zu 100 % selbstverantwortlich gehandelt hätte. Wir Deutschen sind eine Nation der Jammerlappen und Heulsusen. Obwohl es uns besser geht als 98 % der Weltbevölkerung, sind wir nur am Winseln. Und warum? Wir haben die Relationen verloren, wir wissen nicht mehr was richtige Probleme sind. Und vor allem haben wir vergessen, dass wir das, was hier abläuft, selbst verursacht haben und deshalb auch selbst dafür verantwortlich sind. So einfach ist das. Deshalb empfehle ich Dir: „Ändere das! Zeige ab heute Selbstverantwortung.“ Das kann zwar oft anstrengend sein, man kann dabei auch verlieren, aber es ist auch der einzige Weg zu gewinnen!!!

Die zweite Charaktereigenschaft, die all diese Leute haben, ist VERTRAUEN. Sie vertrauen ihrer Umwelt, sich selbst und letztlich auch ihrem Hund. Ich weiß wie schwer es ist zu vertrauen, vor allem wenn man des Öfteren enttäuscht wurde und wenn man weiß, wie es so um die Ehrlichkeit in unserem Lande steht. Aber glauben Sie mir, ich bin allein von Geschäftspartnern oder Angestellten so oft ideell bzw. materiell beschissen worden und dennoch vertraue ich jedem aufs Neue. Vielleicht nicht mehr so blauäugig wie früher, aber mein Vertrauen habe ich mir erhalten. Denn ich sage mir immer wieder, wenn ich jemanden Neues kennen lerne oder einen neuen Hund trainiere: „Soll aufgrund meiner Erfahrungen mit anderen dieser keine Chance bekommen?“ Wäre das fair? Es wäre nicht nur nicht fair, sondern darüber hinaus würde es uns auch wenig Erfolg bringen. Denn stellen Sie sich doch einmal folgende Situation vor. Sie wurden von verschiedenen Partnern betrogen. Jetzt haben Sie jemanden Neues und was man nicht vorher wissen kann, dieser meint es aufrichtig ernst. Auf Grund Ihrer bisherigen Erfahrungen vertrauen Sie ihm aber nicht. Sondern Sie kontrollieren ihn und sind eifersüchtig. Und genau dieses Verhalten zerstört dann diese Beziehung. Oder Sie hatten einen Hund, der sehr aggressiv auf andere Hunde reagierte. Jetzt haben Sie einen neuen, aber bei jeder Begegnung mit einem anderen Hund laufen in Ihnen wieder die alten Bilder ab. Sie werden unsicher, nehmen Ihren Hund "kurz" und schon ist es passiert. Aufgrund Ihres Verhaltens entwickelt der neue genau die gleichen Macken wie Ihr vorhergehender. Deshalb, egal was Sie bisher erlebt haben, vertrauen Sie immer wieder aufs Neue.

Vertrauensübung während eines Seminars

Was ich Sie übrigens schon lange einmal fragen wollte, wie sieht es bei Ihnen so mit dem Spaß am Leben, mit der sogenannten LEBENSFREUDE aus? Das ist nämlich die dritte Charaktereigenschaft, welche einen Sieger auszeichnet. Gehören Sie zu den Leuten, die immer ein Lächeln auf den Lippen haben und immer für einen Spaß zu begeistern sind? Oder sind Sie mehr ein Griesgramschlumpf? Ich wundere mich immer wieder, mit was für einem entsetzlich gequälten Gesichtsausdruck die Menschen so durch den Alltag trotten. Ich mache mir dann immer meinen Spaß, indem ich zum Beispiel fremde Menschen, die mir auf einem Spaziergang entgegenkommen freundlich grüße. Ich amüsiere mich dann immer darüber, wenn die Leute daraufhin diskutieren. So nach dem Motto: „Kennst Du den?"

Lustig und sehr zum Nachahmen empfohlen ist es auch, am Morgen an der Ampel einmal nach links oder rechts zu schauen. Ich wundere mich dann immer, dass es so viele Leute gibt, die bereits am Morgen Scheiße drauf sind. Oder hatten die alle letzte Nacht einen Todesfall in der Familie? Ich lächle dann und winke kurz, was wieder zur Folge hat, dass manche zaghaft zurück lächeln, andere wiederum mir einen Vogel zeigen und wahrscheinlich denken, ich wäre aus der „Geschlossenen" abgehauen. Aber, das wird mich nicht davon abhalten weiter zu lächeln!!!!!!

Sicher ist das Leben nicht immer eine Karussellfahrt, es gibt auch Momente bei denen es mit Sicherheit keinen Grund zum Lachen gibt. Aber doch nicht jeden Tag, 24 Stunden lang. Bei meiner Hunde besitzenden Kundschaft bin ich immer wieder verblüfft, dass diese sich ärgern, dass ihr Hund sie im Freilauf völlig ignoriert, wenn sie selbst herumschleichen wie ein geschlechtskranker Ameisenbär. Haaaaaaaaalloooooooooooo, Sie brauchen sich nicht wundern! Ihr Hund macht nur das, was beinahe die gesamte Menschheit Tag für Tag mit Ihnen macht. Er ignoriert Sie, weil Sie einfach keine Begeisterung und Freude auslösen. Und Hunden geht es wie Menschen, sie bewegen sich immer auf das zu, was interessant und spannend ist und weg von dem, was ätzend, langweilig und unattraktiv ist. Kennen Sie das Motivationsbuch „Fish"? Nein, das habe ich mir gedacht. Ich kann Ihnen nur wärmstens empfehlen sich dieses Buch einmal durchzulesen. Die Quintessenz dieses Buches ist: Deine Einstellung kannst Du frei wählen! In diesem Sinn: LÄCHELN! Wie sexy Sie gleich sind!!!!!!!!

Und weiter geht es mit Charaktereigenschaft Nr. 4, DER KONSEQUENZ. Ich habe ja bereits einiges über dieses leidige Thema geschrieben. Am meisten bin ich wirklich immer wieder erstaunt, wenn Leute, die völlig inkonsequent sind, mit sich selbst, mit ihren Kindern und selbstverständlich auch mit ihrem Hund, dann zu konsequenten Menschen sagen: „Sei doch nicht so hart, sei doch lieb!“ Das ist wohl der größte Frevel, den ich je gehört habe. Wie kann ich denn behaupten, dass Inkonsequenz etwas mit liebsein zu tun hat? Inkonsequenz in jeglicher Form tötet und zerstört!!! Hämmern Sie sich das in ihren schönen Kopf!!!! Wenn Sie Ihren Kindern, Ihrem Hund, sich selbst oder wem auch immer etwas Gutes tun wollen, dann seien Sie K O N S E Q U E N T!!!! Was ist daran bitte so schwer? Konsequenz bedeutet letztlich nichts anderes, als dass jedes Verhalten Folgen hat, positive wie auch negative. Und das immer und nicht nur manchmal oder nur wochentags. Und wissen Sie, was Sie mit Ihrer Inkonsequenz anrichten? Jetzt stellen Sie sich mal vor, jemand hat ein Kind und aus falscher und übertriebener Liebe und Fürsorge heraus verhält er sich dem Kind gegenüber absolut inkonsequent. Das heißt, das ganze Verhalten des Kindes bleibt letztlich ohne Folgen. Es kann faul und frech sein, egal, denn letztlich hat es keine Folgen. Irgendwann wird dieses Kind aber in das wahre Leben entlassen und ab sofort hat alles, was es tut, Konsequenzen. Und spätestens da bricht das Kartenhaus zusammen, denn das hat es in seinem Leben nie gelernt. Und jetzt hat es die Bescherung. Entweder lernt es jetzt noch um oder aber nie und es wird für immer große Probleme mit seinem Leben haben. Und genauso funktioniert das Ganze auch bei Ihrem Hund. Also, seien Sie lieb zu ihm! Seien Sie konsequent!!!

Die 5. Charaktereigenschaft, welche ein Rudelchef haben muss und auch ganz sicher hat, ist die Fähigkeit ZU PLANEN UND ZU ORGANISIEREN. Ohne einen Plan geht gar nichts. Und dieser Plan muss, wenn er wirklich Erfolg bringen soll, schriftlich sein. In der Natur läuft das alles automatisch, aber ganz genau nach Plan ab. Aber heute haben die meisten Menschen keine Pläne mehr. Sie rennen jeden Tag planlos herum und wundern sich irgendwann, dass ihr Leben schon vorbei ist. Alles muss der Wertigkeit entsprechend geplant und durchorganisiert sein. Von der Hundeerziehung und Hundehaltung, über das Familienleben bis hin zum Geschäftsleben und genauso die freie Zeit. Alles was erfolgreich verlaufen soll, muss geplant sein!

Als 6. Eigenschaft kommen wir zu meinem Lieblingsthema, nämlich ZUM TRÄUMEN. Kennen Sie die Situation, wenn Kinder mit den Worten ermahnt werden: Du bist und bleibst nur ein Träumer!? Ja, würde ich schreien, wenn ich das Kind wäre! Denn ich möchte nicht so enden wie ihr!!! Alle erfolgreichen Leute, welche ich kenne, sind Träumer und Visionäre. Wann und warum hast Du denn aufgehört zu träumen? Wann auch immer es war, an diesem Tag ist der erste

Teil von Dir gestorben. Wer keine Träume hat, dem fehlt in seiner Ausstrahlung ein ganz wichtiger Baustein, ein absolut unersetzlicher!

Die vorletzte Charaktereigenschaft ist DAS POSITIVE DENKEN. Ich höre Sie schon stöhnen, nein nicht auch das noch. Doch, ich kann es Ihnen nicht ersparen. Wer nicht daran glaubt, dass langfristig alles gut wird, wer in allem, was er tut zuerst die Möglichkeit und auch die Wahrscheinlichkeit des Scheiterns sieht, der wird auch mit seinem Hund in dessen Ausbildung keine großen Fortschritte machen. Ich erlebe beinahe jeden Tag Hundebesitzer welche ständig sagen: „Das wird eh nichts oder das macht der nie!“ Und wie recht sie haben, denn so wird das auch nichts. Haben sie jemals einen Boxer in den Ring steigen sehen, der gesagt hätte, ich verliere eh und der nach dieser Äußerung dann den Kampf seines Lebens gemacht hätte? Das kann ich mir nicht vorstellen, niemals, never! In dem Moment nämlich, in dem man von vornherein sagt, dass es eh nichts wird, beraubt man sich selbst der Chance auf Erfolg. Und das ist in jeder Beziehung in Ihrem Leben so. In jeder!!! Und deshalb, beginnen Sie positiv zu denken, eignen sie sich die entsprechenden Glaubenssätze an und richte Sie Ihre Gedanken neu aus. Wann? Jetzt!!!

O.k., o.k., einen kleinen Moment können Sie noch warten. Ich verrate Ihnen noch schnell die letzte Charaktereigenschaft, welche einen Sieger ausmacht. Es ist die KRAFT DER ÜBERWINDUNG. Die Kraft sich selbst in den Hintern zu treten, den Bequemlichkeitsbereich zu verlassen, die Ängste zu überwinden. Ohne diese Kraft, werden alle vorherigen Eigenschaften nicht funktionieren. Im Leben kommt man ständig an Punkte, wo man vor der Entscheidung steht, ob man den schwierigen Weg oder den einfachen Weg wählt. Und es gehört eine ganze Menge Kraft dazu, eine ganze Menge Mut, den schwierigen Weg zu wählen. Doch glauben Sie mir eines, nur der schwierige Weg führt zum Ziel, der einfache hingegen führt einfach nur ins Nichts!

Selbstüberwindung

So, meine lieben Leser, jetzt wissen Sie Bescheid. Und jetzt sind wieder mal Sie dran! Sie sollten sich ein Blatt Papier und einen Stift zur Hand nehmen und alle genannten Eigenschaften untereinander darauf schreiben. Und dann sollten Sie in einer Skala von 1 bis 10 sich selbst bezüglich jeder einzelnen Eigenschaft überprüfen. 10 heißt, Sie sind perfekt, und 1 Sie sind vom Idealzustand meilenweit entfernt. Aber, seien Sie nicht zu blauäugig bei der Selbstbewertung. Seien Sie kritisch!!! Los geht's!

So, haben Sie es hinter sich gebracht? Und, wie sieht es aus oder besser gesagt, wie weit sind Sie momentan vom Bestmaß eines Rudelchefs entfernt? Aber glauben Sie mir, es ist völlig egal, wo Sie heute stehen. Wichtig ist nur, dass Sie die richtigen Schlussfolgerungen ziehen. Nämlich, dass Sie es selbst in der Hand haben und nun beginnen müssen an sich zu arbeiten. Sicher haben Sie festgestellt, dass Sie in manchen Eigenschaften sehr gut dastehen, in anderen schlechter. Bauen Sie die guten aus und beginnen Sie die weniger guten zu verbessern. Es gibt zu allen einzelnen Charaktereigenschaften fantastische Literatur. Suchen Sie sich etwas heraus und arbeiten Sie. Ihr Umfeld wird es Ihnen einmal mehr danken!

„Camacho“

Die täglichen Abläufe

Bevor ich Ihnen im weiteren Verlauf meines Buches noch so einiges darüber erzählen möchte wie Sie Ihrem Hund die wichtigsten Dinge beibringen, gilt es erst noch eine weitere häufige Fehlerquelle zu bereinigen. Und zwar die vielen kleinen Dingen im täglichen Miteinander mit unserem Hund. Wie Sie ja inzwischen wissen, so hat jeder Hund ständig die Augen und Ohren offen und merkt sich jeden auch noch so kleinen Fehler seiner Mitmenschen. Bestimmt hat er sogar großen Spaß dabei! Daher ist es auch unwahrscheinlich wichtig, die kleinen Fehler im Alltag, welche ganz schnell zur Routine werden, zu vermeiden. Denn, wenn Sie ihren Hund jeden Tag unbewusst ständig sein eigenes Ding machen lassen, dann ist das Kind schnell in den Brunnen gefallen und Sie wundern sich, dass das Hündchen Ihnen auf dem Näschen herumtanzt, obwohl Sie doch meistens sooooooo bemüht sind.

Prinzipiell müssen Sie sich eigentlich nur eine grundlegende Sache merken. Alle Entscheidungen treffen Sie und nicht Ihr Hund. Alle, nicht die meisten! Soll ich es noch einmal wiederholen: Sie treffen alle Entscheidungen und Ihr Hund keine! Bei korrektem Einhalten des ersten Grundbedürfnisses, nämlich der 24-

Stunden-Führung Tag für Tag, ist dies letztlich schon einmal gegeben. Aber aus der Praxis weiß ich, wie schnell aus einer gewissen Schlampigkeit heraus sehr oft gegen diese Regel verstoßen wird. Und das beginnt schon damit, dass alle Hörzeichen, welche dem Hund gegeben werden, auch wieder aufgelöst werden müssen. Oder haben Sie mit Ihrem Hund den stillen Pakt geschlossen, dass er alles nach einer Minute auflösen darf? Also, wenn Sie Ihren Hund auf seinen Platz schicken, dann hat er dort so lange zu bleiben, bis Sie ihm wieder erlauben aufzustehen. Und wenn er „Sitz" machen soll, dann so lange bis Sie es auflösen. Denken Sie immer daran! Denn das Ganze hat fatale Folgen, denn Ihr Hund kennt keine Wertigkeiten unter den verschiedenen Hörzeichen. Wenn er „Sitz" selbstständig beenden kann, so kann er auch „Fuß" selbstständig beenden. Und schon beginnen die Probleme. Ein weiterer Aspekt ist die Frage: „Wer geht zuerst durch die Tür oder auch wer geht vor wem auf den Treppen?" Es zeugt von allem anderem als von Respekt, wenn der Hund seinen Besitzer auf der Treppe über den Haufen rammelt. Und einmal ganz davon abgesehen ist es auch gefährlich! Auch bei der Fütterung werden oft Fehler gemacht. Prinzipiell muss der Hund ruhig warten, bis er das Futter bekommt. Wenn der Hund uns sein Lieblingsspielzeug vor die Beine kracht, dann dürfen wir auf keinen Fall mit ihm spielen. Immer beginnt der Ranghöhere mit dem Spiel, nicht der

Rangniedrige. Und kraulen sollten Sie ihren Hund auch nicht, wenn er Sie wie ein Verrückter anstupst, denn auch das liegt nicht in seiner Macht als einfaches Rudelmitglied. Es mag manchen albern oder kleinlich vorkommen. Aber bedenken Sie, wir haben es mit einem Tier zu tun. Er versteht Zugeständnisse unsererseits nicht als solche, sondern als Schwächen. Und diese nutzt er dann bekanntlich knallhart aus. Am besten, Sie checken einmal Ihren kompletten Tagesablauf, welcher im Zusammenhang mit Ihrem vierbeinigen Partner steht. Stellen Sie fest was o.k. ist und wo Sie letztlich doch noch Ihrem Hund Entscheidungen überlassen. Und dann leiten Sie die nächsten Veränderungen ein!

Wie lernt ein Hund

oder warum Wattebällchen werfen nichts bringt!

Um Missverständnissen gleich von Anfang an vorzubeugen, ich verachte und verurteile jede Form von roher Gewalt bei der Ausbildung von Hunden. Und ich glaube, dass jeder, der bei der ganz normalen Hundeausbildung Starkzwangmittel einsetzt, einfach zu wenig Gehirn in der Birne hat oder einfach nur pervers ist. Allerdings verurteile ich beide Extreme der Hundeausbildung, also nicht nur die Brutalos, sondern auch die Ultraalternativsoftis. Auch ihre Art und Weise betreffs der Ausbildung von Hunden kann ich nicht korrekt heißen. Ich orientiere mich auch bei der Ausbildung von Hunden an der Mutter Natur. Und in einem Wolfsrudel wird weder mit Starkzwangmittel gearbeitet, noch mit Wiener Würstchen gewackelt. Man kann nicht einmal behaupten, dass die soften Ausbildungsmethoden weniger Schaden beim Hund anrichten, als die brutalen. In physischer Hinsicht sind sie natürlich humaner, aber rein tierpsychologisch gesehen, sind sie oft unverständlich und bestärken oft das falsche, manchmal ängstliche oder unsichere Verhalten.

Dabei könnte doch alles so einfach sein! Aber was einfach ist, ist vielleicht nicht so spektakulär und deshalb werfen wir beinahe alle Naturgesetze über Bord und versuchen mit irgendwelchen Superhyperextremerfindungen für eine Revolutionierung der Kynologie zu sorgen. Ha, ha, sorry, wenn ich lachen muss, aber wie blöd sind die Menschen eigentlich? Alle meine Hunde sind im optimalen Gehorsam, sie sind sozial, wesensstark, ausgeglichen, gesund, offen und frei, temperamentvoll und lebensfroh. Und das nach einem ganz einfachen Denk-, Ausbildungs- oder eben Trainingsmuster. Und das sieht wie folgt aus. Bevor ich mit einem Hund arbeite, muss zunächst klar sein, dass zwischen ihm und mir Vertrauen besteht, dass er in einen physisch und psychisch einwandfreien Zustand ist, dass alle seine Bedürfnisse erfüllt sind und die Rangordnung zwischen uns korrekt ist. Bitte überprüfen Sie, ob diese Punkte bei Ihnen und Ihrem Hund inzwischen passen. Danach schätze ich den Hund ein, seine Motivationsfähigkeit, seine Härte, eben alles was dazugehört. Und erst jetzt habe ich die Basis für die Arbeit bzw. für das Training des Hundes. Denn stellen Sie sich doch einmal vor, wenn Sie Ihr Kind in die Schule schicken, der Lehrer keine Ahnung davon hat wie Kinder lernen, Ihr Kind insgesamt innerlich nur Probleme hat und letztlich auch vor dem Lehrer kein Respekt besteht. Was glauben Sie wie viel Ihr Kind

dabei lernt? Da wäre es mit Sicherheit sinnvoller gewesen zu Hause im Bett zu bleiben.
Bei der Ausbildung vertrete ich nun die Ansicht, dass der Hund bereits im Welpenalter bzw. als Junghund die wichtigen Grundkommandos spielerisch mit Motivation und ohne Zwang lernen sollte. Also vor allem Dinge wie das Herankommen oder „Sitz“ und „Platz“. Allerdings mache ich bei der Leinenführigkeit einem Welpen von Anfang an klar, dass es kein Ziehen und Zerren an der Leine gibt. Aber dazu später mehr. Wenn der Hund diese Dinge auf der Basis von Spaß, Freude und Motivation gelernt hat, so haben Sie bereits die „halbe Miete“. Aber auch nur die „halbe Miete“. In der Hundeausbildung muss immer ein Gegenpol zur Motivation geschaffen werden. Wenn das versäumt wird, dann wird Ihr Hund immer dann, wenn es darauf ankommt, nicht das tun, was Sie von ihm wollen. Denn überlegen Sie doch einmal. Wenn der Hund zum Beispiel das Herankommen zum Besitzer auf das Hörzeichen „Hier“ nur so vermittelt bekommt, dass er lernt: „Wenn ich zurückgehe gibt es ein Stück Futter.“, was wird der Hund dann wohl machen, wenn es in diesem Moment einen Reiz gibt, welcher größer ist als Ihr Belohnungshäppchen? Wenn vielleicht in der Nähe ein anderer Hund ist oder vor dem Hund ganz viele Häppchen in Form eines halben Döners liegen? Ganz genau, er wird ihnen den „Stinkefinger“ zeigen. Und deshalb muss der Hund, zum einen aus Respekt Ihnen

gegenüber, aber auch weil er lernte: „Wenn ich das Rufen ignoriere, bekomme ich Ärger, wenn ich gehe, ist es toll.“, zu Ihnen kommen. Und zwar sofort und immer!

Meiner Denkweise bei der Ausbildung von Hunden liegt ein ganz einfaches Naturgesetz zu Grunde. Und zwar das Gesetz von Freude und Schmerz. Und hier gibt es eine weitere Parallele zwischen Hunden und Menschen, denn das Gesetz funktioniert sowohl bei Kaniden als auch bei der Gattung der Homo sapiens. Dieses Gesetz beinhaltet nichts anderes, als dass unbewusst jeder Hund und auch jeder Mensch immer versucht all das zu meiden, was für ihn unangenehm ist und dorthin zu gehen, wo es für ihm angenehm ist. Das heißt also, dass, wenn ich es schaffe, dass der Hund mit dem von mir gewünschten Verhalten so viel wie möglich Positives verknüpft und mit dem aus meiner Sicht unerwünschten Verhalten so viel wie möglich Negatives, dann lernt der Hund schnell und sicher. Und genauso und nicht anders ist es. Und umso größer der Unterschied zwischen guter und schlechter Erfahrung ist, umso besser ist es. Dazu gehört selbstverständlich jede Menge Motivation, denn ich muss ja meinem Hund zeigen, wenn er etwas gut macht. Leider sind die meisten Menschen zu verklemmt um ihren Hund richtig zu motivieren. Aber auch den Gegenpol zu schaffen fällt vielen Hundebesitzern außerordentlich schwer!

Wie viel Freizeit braucht ein Hund?

Freizeitbereich oder Unterordnungsbereich, dass ist hier die Frage!

In unserem Leben gibt es verschiedene Bereiche. Es gibt Zwänge und Regeln, aber es gibt auch Momente der Freizeit und der Entspannung. Auf keinen Fall aber überwiegen bei einem durchschnittlichen Menschen die Momente der Freizeit. Letztlich gibt es beinahe den ganzen Tag bestimmte Dinge, an welche wir uns halten müssen. Und das ist auch gut so und überhaupt nicht schlimm.

Das Einzige, was meine Gehirnfähigkeit absolut überfordert ist, warum dann beinahe alle Hundebesitzer so tun, als wenn es für den Hund eine große Qual wäre, sich auch an bestimmte Regeln zu halten. Aber hier liegt ein weiterer großer Irrtum.

Das Erste, was ein Hund lernen muss ist, dass es in seinem Leben zwei Bereiche gibt. Den Unterordnungsbereich und den Freizeitbereich. Wenn ich ihm klar und deutlich vermittle, welches Verhalten er in welchem Bereich zeigen kann, dann hat er mit dieser Regelung überhaupt kein Problem. Ganz im Gegenteil, es wird ihm sogar gefallen.

Prinzipiell gilt die Regelung, je mehr Probleme ich mit meinem Hund habe, umso weniger sollte ich ihn in den Freizeitbereich entlassen!!!! Ich möchte Ihnen gerne erklären, warum das so ist. In der Natur in einem Rudel ist es so, dass einer den ganzen Tag über im Freizeitbereich ist und tun und lassen kann, was er will. Und dieser eine ist der Chef! Alle anderen sind die ganze Zeit über beinahe ständig im Unterordnungsbereich. Wie gesagt, ich habe das nicht erfunden, aber es ist nun einmal die Realität. Was glauben Sie, vermitteln Sie unbewusst Ihrem Hund, wenn dieser den ganzen Tag über immer machen kann, was er will, ja, sprichwörtlich alle Freiheiten der Welt hat? Genau, Sie vermitteln ihm: Du bist Gott!!!!!! Und dann wundern Sie sich anschließend wieder über die Probleme, die der kleine „Gott“ so macht. Wie witzig!!! Deshalb akzeptieren Sie es doch einfach: Ein Hund kann mit einem Überschuss an Freiheit nicht umgehen, denn es suggeriert ihm, er wäre der Chef! Deshalb, nichts mehr mit alle Zimmer zum Hundezimmer erklären oder mit dem ganzen Tag frei im Garten oder während des ganzen Spazierganges frei oder, oder, oder, oder! Wenn Sie Ihren Hund wirklich lieben, dann lernen Sie ihm, dass es einen Unterordnungsbereich und einen Freizeitbereich gibt. Wann immer Sie keine aktive Zeit haben, welche Sie Ihrem Vierbeiner widmen können, dann sollte Ihr Hund definitiv nicht in den Freizeitbereich entlassen werden, sondern in den Unterordnungsbereich. Bei einem erwachsenen Hund kann das so aussehen, dass er auf seinen Platz geschickt wird und dort so lange zu bleiben hat, bis Sie ihm erlauben diesen wieder zu verlassen. Ideal finde ich aber auch, besonders bei jungen Hunden, wenn diese ein Hundezimmer haben, welches klein sein soll und letztlich nur dazu dient den Freiraum des Hundes einzuschränken oder auch den Einsatz einer Box bzw. eines Hundezwingers. Auch ein Spaziergang muss immer im Unterordnungsbereich beginnen und enden. Das ist das Minimum! Also nichts mit Herrchen oder Frauchen aus dem Haus herauszerren, den Rüssel auf dem Boden und Vollgas. Nein, nein, es sollte schon zivilisiert zugehen! Im Verlauf des Spazierganges sollte der Hund natürlich auch die Gelegenheit bekommen, einmal sprichwörtlich „die Sau herauszulassen". Aber erst dann, wenn Sie ihn in den Freizeitbereich entlassen! Aber dazu im nächsten Kapitel mehr.

Also, ab jetzt gilt es. Lernen Sie ihrem Hund, dass es für ihn, wie auch für jedes andere Lebewesen verschiedene Bereiche gibt. Wenn es Ihnen gelingt diese Regelung einzuführen und perfekt umzusetzen, bekommen Sie einen ganz anderen Hund!!!

„Eastwood“

Der Spaziergang

oder

wer geht mal schnell mit dem Hund raus

Kommt Ihnen folgendes Szenario bekannt vor? Die Mutter kommt gestresst nach Hause und sagt zu ihrem Sohn, dass dieser doch bitte mal schnell mit „Hundi" 'ne Runde drehen soll. Der Sohnemann jedoch hatte gerade, wie meistens, etwas ganz anderes vor. Doch die Mutter besteht darauf: „Bevor du dich mit deinen Freunden triffst und ihr dann sinnlos eure Zeit tot schlagt in dem ihr am Computer irgendwelche Wesen aus anderen Welten bekämpft, gehst du mit unserem Hund Gassi!" Oder können Sie sich besser mit Szenario 2 identifizieren? Der Mann kommt von der Arbeit und seine Frau bittet ihn vor dem Essen doch schnell noch 'ne Runde um den Block mit dem Vierbeiner zu gehen. „Das Essen ist in 20 Minuten fertig." Beim Abendessen erzählt der Mann dann seiner Familie vom Tag. Auf Arbeit gab es Stress, der Sprit wird immer teurer, morgen soll es regnen und unser Hund, der hat vorhin wieder gezerrt, alle fremden Hunde angebellt und dann ist er auch noch „kurz" weggewesen. „Ich habe langsam keine Lust mehr mit ihm raus zu gehen"!

Bei keiner anderen Sache wird so viel falsch gemacht, wie beim Spaziergang. Aus Unwissenheit, aus Faulheit, aus Dummheit, aus Oberflächlichkeit oder was weiß ich warum. Aber der Grund dafür ist letztlich auch egal, denn Fakt ist: „Es schadet unserem Hund und vor allem unserer Beziehung zu ihm!"
Und damit das ab jetzt ein Ende hat, erzähle ich Ihnen an dieser Stelle mal ganz schnell, wie JEDER Spaziergang und natürlich auch jedes noch so kurze Gassi gehen ganz konkret abzulaufen hat. Dann liegt es letztlich nur noch daran diesen Ablauf exakt umzusetzen. Einfacher geht es nun aber wirklich nicht mehr!
Also, bevor wir mit unserem Hund unsere „Höhle" verlassen, achten wir peinlichst darauf, dass dieser ruhig und ausgeglichen ist. Erst dann leinen wir unseren Hund an! Dieser erste Schritt oder nennen wir es „Aufbruch zum gemeinsamen Streifzug", ist gleichzeitig der wichtigste Schritt, denn er ist die absolute Grundlage für einen vernünftigen und für alle Seiten erfüllten Spaziergang. Wenn dieser erste Schritt nicht klappt, kannst Du den ganzen Spaziergang abhacken, denn alles was nun kommt, baut sich auf einen ruhigen und ausgeglichenen Start auf.
Wenn der Vierbeiner mindestens eine Minute in völliger Entspannung neben seinem Besitzer an selbstverständlich lockerer Leine gesessen hat, beginnen wir im Unterordnungsbereich den Spaziergang. Dabei ist unbedingt darauf zu achten, dass der Hund immer neben

bzw. leicht hinter seinem Besitzer ist. Vor allem bei Treppen und auch durch Türen. Niemals darf der Hund auch nur minimal vor seinem „Chef“ laufen. Bei einem kurzen Gang zur Gassiwiese, nehmen wir den Hund bis dorthin in den Unterordnungsbereich, beenden diesen dann mit einer korrekten Grundstellung, warten einige Sekunden und geben den Hund mit dem dazugehörigen Hörzeichen „Freizeit“. Hat er sich gelöst, nehmen wir den Vierbeiner wieder in den Unterordnungsbereich und gehen genauso wie wir zur Gassiwiese gegangen sind, auch wieder zurück.

Bei einem längeren Spaziergang, so wie er mindestens zweimal am Tag stattfinden sollte, dehnen wir denn ersten Unterordnungsbereich auf ca. eine viertel Stunde aus. Ja, ich höre Sie schon stöhnen. Genau, dass heißt die ersten 15 Minuten nicht pinkeln, nicht sch…! Der arme Hund, der muss doch sooo dringend? Glauben Sie ernsthaft, dass, wenn Sie eine viertel Stunde später losgegangen wären, dass das Hündchen in die Wohnung gemacht hätte? Ganz sicher nicht!!!

Nach diesem professionellen Beginn des Spazierganges, geben wir unserem Hund ca. 10 Minuten kontrollierten Freilauf. Zum Notdurft verrichten, zum Schnüffeln, zum Markieren.

Kontrollierte Freizeit heißt: Auch hier gibt es Regeln und Grenzen! Danach nehmen wir unseren Hund wieder für einige Minuten in den Unterordnungsbereich.

Apportierübung – Heiko mit „Camacho"

So, und damit nähern wir uns dem Highlight des Spaziergangs. 15 Minuten gemeinsames Spielen und geistiges Ausarbeiten. Jetzt ist es an der Zeit dem Hund eines seiner, wie Sie ja wissen, wichtigsten Grundbedürfnisse zu stillen. Nun ist Zeit für Apportieren, Fährten, Suchspiele, für was auch immer. Wichtig dabei ist nur, es soll Spaß machen und unserem Hund zum Abbau seiner geistigen Energie dienen.
Am Ende des gut eine Stunde dauernden Spazierganges, nehmen wir unseren Hund dann wieder ca. 15 Minuten in den Unterordnungsbereich. Zu Hause angekommen, sollte sich für den Hund immer eine längere Ruhephase anschließen.
So, na wie sieht es aus? Wie gefällt Ihnen das? Ist es Ihnen zu durchdacht, zu gut geplant und organisiert? Glauben Sie mir, ein wenig Plan kann niemand schaden! Setzen Sie es um und schon sind Sie wieder einen gehörigen Schritt weiter bei Ihrem Vorhaben das Zusammenleben mit Ihrem Hund zu optimieren!

Die Leinenführigkeit

oder

mal schauen was der Hals meines Hundes so aushält

Ich glaube, über keine Übung eines Hundes wird mehr geredet und vor allem auch mehr Unsinn verbreitet, als über die Frage, wie man einem Hund eine ordentliche Leinenführigkeit beibringt. Vielleicht sollten wir zuerst einmal klären, was eigentlich eine ordentliche Leinenführigkeit ist. Hier meine Definition: „Eine perfekte Leinenführigkeit ist, wenn der Hund auf das einmalige Hörzeichen ‚Fuß' an lockerer und tiefdurchhängender Leine mit seiner rechten Schulter an unserem linken Bein läuft ohne zu schnüffeln, zu markieren bzw. sich sonst irgendwie ablenken zu lassen. Und das egal wo und egal welche Umweltreize in der Nähe sind." Und soll ich Ihnen etwas sagen? Ich wette mit Ihnen um ihr Eigenheim, dass auch ihr Hund, bei mir und nach meiner Methode, nach spätestens einer Minute freudig, leinenführig ist!!!!! Jede Wette, denken Sie darüber nach, aber beschweren Sie sich hinterher nicht bei mir darüber, dass Sie obdachlos sind!
Sie haben ja inzwischen sicher bemerkt, dass ich an der Menschheit, so im Allgemeinen, den einen oder anderen Zweifel habe. Wenn ich mir aber so die Me-

thoden anschaue, mit welchen versucht wird, dem armen, armen, armen Hund die korrekte Leinenführigkeit beizubringen, dann bekomme ich wirklich Kopfschmerzen!!! Und zwar sehr starke! Da kommen unsere Freunde aus der Abteilung der Weichspülklasse mit so Spitzentipps wie: „Immer sofort stehen bleiben, wenn er zieht…“, über „Sofort in die andere Richtung laufen…“, bis hin zu: „Ablenken durch Tennisbälle…“. Mädels und Jungs, bitte nehmt es mir nicht übel, aber ich glaube, Ihr habt einen an der Klatsche!!!! Und die Hardcoretrainer haben natürlich gleich den Stachelwürger parat oder ein Stromhalsband. Wie abartig. Übrigens erkennt man die Hardcorer meist daran, dass sie zum Training immer so viel Technik brauchen, dass man denkt, sie bereiten den Auftritt eines Rockstars vor! Ich frage mich, wie es bei denen im Schlafzimmer aussieht!?

Dennoch, Fakt ist eins: Wenn ein Hund ständig an der Leine zieht, so wie es bei den meisten Hundebesitzern der Fall ist, dann tun diese Leute ihren Hunden, indem sie diese ja letztlich ziehen und zerren lassen, einen Bärendienst. Stellen Sie sich mal vor, Sie hätten ein Halsband drum und würden immer ziehen bis die Zunge blau wird. Glauben Sie, das ist auf Dauer gesund? Ich habe schon so manchem Hundehalter, der es nicht begreifen wollte, die Schlinge um den Hals gelegt. Sie haben es nach dieser Erfahrung alle kapiert, dass wir unserem Hund dass vernünftige Laufen an der Leine vermitteln müssen. Denn zerren macht krank!!!! Daher kamen ja auch ganz pfiffige Kerlchen auf die Superidee, wir legen unserem Hündchen ein Brustgeschirr an. Wirklich super, diese Idee. Ja, sagt mal, habt Ihr Helden eigentlich schon einmal darüber nachgedacht, welche Hunde im „Arbeitsalltag" ein Geschirr tragen. Genau, Bingo! Alle, die ziehen müssen! Zum Beispiel Schlittenhunde. Und warum wird das wohl so sein? Na logo, weil Ziehen im Geschirr angenehmer ist!!! Also, schmeißt das Geschirr in die Ecke und vermittelt Eurem Hund ordentliches Laufen an der Leine oder noch besser die Freifolge.

Ich kann Ihnen sagen, ich habe schon Hunde mit kaputten Kehlköpfen gesehen, welche sie durch ständiges Zerren bekommen haben. Und auch Hunde, welche durch anhaltendes Ziehen in einem Brustgeschirr Schäden an ihrem Skelett bekommen haben, habe ich schon mehr als nur einen gesehen. Deshalb sage ich es noch einmal: Zeigt Eurem Hund die Leinenführigkeit!!!!!

Völlig neben der Spur finde ich auch die Leute, welche sich wieder darüber echauffieren, dass manch anderer so streng mit seinem Hund umgeht und, oh Gott wie schlimm, dem Tier auch noch einen Leinenruck gibt, sein Hund aber den ganzen Tag nur im Garten ist, weil er ihn draußen nicht mehr halten kann. Und von der Sorte gibt es eine ganze Menge Leute. Oh wie verrückt ist diese Welt!!!

perfekte Leinenführigkeit – auch im Rudel

O.k., dann werde ich Ihnen jetzt mal verraten wie Sie Ihrem Hund das Laufen an der Leine beibringen können. Na, Sie sind schon ganz gespannt, das verstehe ich. Also, eh, mhhhhh, eh, hahahahahaha!!! Haben Sie ernsthaft gedacht, ich verrate es Ihnen? Ne, ne mein Lieber. So einfach ist das nicht! Das Leben ist doch kein Kindergeburtstag!!!! Jetzt überlegen Sie doch einmal, wie viel Geld Sie für dieses Buch bezahlt haben. Und für die paar Piepen haben Sie doch schon bis zur

Seite 50 mehr Fakten bekommen, als Sie im ganzen Buch erwartet haben, oder? Seien Sie ehrlich!!! Das heißt, also alles ab Seite 51 war eh schon kostenlos. Und bedenken Sie, dass dieses Buch über 150 Seiten hat! Und da dachten Sie ernsthaft, ich verrate Ihnen auch noch den Trick? Ne, ne, vielleicht ein anderes Mal!

Aber eine kleine, ganz winzige Anregung gebe ich Ihnen. Sozusagen einen Denkanstoß!!! Haben Sie schon einmal gehört, dass Druck Gegendruck auslöst. Das bedeutet doch letztlich, dass auch Zug Gegenzug auslöst, oder? So, jetzt holen Sie mal 'ne Leine, geben Sie diese dem, der Ihnen als nächstes über den Weg läuft in die Hand und dann ziehen Sie die Leine mal straff. Dann werden Sie merken, dass meine Hypothese stimmt. So, und nun überlegen Sie mal, wie Sie diese Erfahrung für die Vermittlung der Leinenführigkeit anwenden können! Na los, geben Sie sich Mühe! Sie kommen drauf! Ich glaube an Sie!!!!!

Ausbildung schafft Harmonie

100% Ausbildung

Ich habe Ihnen ja bereits gesagt, dass aus meiner Sicht die Ausbildung eines Hundes, versteht man darunter das Vermitteln von Hörzeichen, letztlich nur einen relativ geringen Einfluss über die Qualität des Zusammenlebens mit unserem Hund hat. Ich erinnere mich noch zurück, als ich im Jahre 2004 wegen eines Seminars in die USA eingeladen war. Der Veranstalter, der sehr um unser Wohl besorgt war, hatte mich auf einer Ranch untergebracht und es war wirklich traumhaft. Dort habe ich immer wieder die Chefin der Ranch bewundert. Sie hatte inzwischen die stattliche Anzahl von 6 streunenden, ausgesetzten Hunden bei sich aufgenommen. Es waren alles große Hunde und die Frau hatte ihnen nicht auch nur ein einziges Hörzeichen beigebracht und trotzdem hatte sie mit der Meute keinerlei Probleme. Und warum? Ganz einfach! Erstens lebte diese Frau sehr stark im Einklang mit der Natur, zweitens erfüllte sie die Grundbedürfnisse der Hunde beinahe optimal und drittens hatte sie die entsprechende Ausstrahlung. Ich möchte an dieser Stelle meines Buches unbedingt noch einmal darauf hinweisen, dass die Ausbildung eines Hundes absolut nichts bringt, wenn die anderen eben noch einmal genannten Aspekte komplett außer Acht gelassen werden. Keine vertretbare Ausbildungsmethode der Welt, kann mangelnden Respekt des Hundes gegenüber seinen Besitzer übertünchen!

Dennoch ist es natürlich gerade in unseren „engen“ Städten und Dörfern wichtig einem Hund verschiedene Dinge zu lernen. An erster Stelle steht natürlich die Leinenführigkeit, wie eben bereits besprochen. Danach folgt der Aufbau einer kontrollierten Hundebegegnung. Das Ziel dabei ist es, dass der Hund lernt, zuerst angeleint, später in Freifolge, ohne Reaktion an dem anderen entgegenkommenden Hund vorbeizulaufen. Unabhängig davon, wie sich dieser verhält! Dies halte ich für einen sehr wichtigen Ausbildungspunkt, denn ich glaube, dass es beinahe jedem Hundebesitzer schwer fällt mit seinem Vierbeiner an einem anderen Hund vorbeizulaufen. Viele flüchten dann schnell in den Wald, in eine Einfahrt oder zumindest auf die andere Straßenseite. Wenn ich so etwas sehe, denke ich dann immer, wie peinlich! Wie kann man sich nur dermaßen von seinem Hund vorführen lassen! Als Grundlagen für eine reibungslose Hundebegegnung, sehe ich vier Dinge. Erstens ein vernünftiges Sozialverhalten der Hundes gegenüber anderen Hunden. Zweitens eine vernünftige Leinenführigkeit, drittens die Kenntnis über Freizeitbereich und Unterordnungsbereich. Und als Letztes natürlich Respekt gegenüber seinem Besitzer. Wenn diese vier Punkte pas-

sen, so haben Sie die idealen Vorraussetzungen für eine perfekte Hundebegegnung.
Weiter geht es mit dem korrekten Ein- bzw. Aussteigen aus dem Auto. Seit ich einmal gesehen habe, wie der Golden Retriever von so einem Alternativen „Mein Hund ist sein eigener Boss"-Dummschwätzer frontal von einem LKW zermatscht wurde, habe ich dies als Übung in unser Basisausbildungsprogramm mit aufgenommen. Die Story war damals so, dass ich an einem Autobahnrastplatz stand, als dieser Typ seinen wilden, durchgedrehten, aber ja angeblich sooooo furchtbar glücklichen Hund aus dem Auto ließ. Das Glück dieses Hundes konnte man an seinem hektischen Blick ablesen. Mr. Ultraalternativ öffnete die Heckklappe, der Hund sprang heraus, rannte (wie wahrscheinlich immer) sofort los, ein LKW kam, der Typ schrie und schon gab es einen dumpfen Aufschlag. Den Rest der Geschichte spare ich mir lieber! Jedenfalls war der Anblick dessen, was überall umherlag alles andere als schön! Ich bin aber nicht nur deshalb der Meinung, dass ein Hund im Auto warten muss, bis er die Erlaubnis zum Aussteigen erhält. Und auch das Einsteigen läuft nach dem gleichen Muster ab. Immer, also nicht nur an der Autobahn!!! Übrigens habe ich noch nie einen Hund gesehen, der im Auto Stress macht und dann draußen sich plötzlich benimmt. Deshalb meine Regel: So wie der Hund aus

dem Auto aussteigt, so läuft auch der Spaziergang ab!!!!!
Des Weiteren halte ich es für unumgänglich, dass ein Hund die Hörzeichen „Sitz“ und „Platz“, vor allem in Verbindung mit dem Zusatz „Bleib“ beherrscht. Wir vermitteln in unseren Kursen, dass ein Hund diese beiden Dinge unter allen Bedingungen, also zu Hause in der Wohnung auch und gerade, wenn Besuch kommt, aber genauso unter städtischen Bedingungen kann. Allein was die Regeln des Territorialverhaltens in der Wohnung anbelangt, ist es wichtig einem Hund seinen Platz zuweisen zu können, auf welchem er so lange zu bleiben hat bis wir ihm erlauben aufzustehen.
Das letzte Hörzeichen, was ein Hund beherrschen muss, damit sein Besitzer davon sprechen kann, dass sein Vierbeiner das 1x1 kann, ist das Herankommen auf Abruf. Und natürlich auch das unter allen Bedingungen. Also auch aus dem Spiel mit anderen Hunden oder selbst in solchen Extremsituationen wie, wenn der Hund Wild sieht. Dies seinem Hund zu vermitteln ist gar nicht so schwer. Wir zerlegen diese Übung in verschiedene Einzelteile, arbeiten zuerst mit Motivation, anschließend sichern wir die Übung ab und alle sind froh und glücklich. Toll!!!
Auf jeden Fall sollten Sie die Methodik, mit welcher Sie arbeiten, vor der Anwendung genau überprüfen. Ist sie für ihren Hund wirklich verständlich und wird sowohl der Motivationsteil als auch der dazugehörige

Gegenpol vermittelt. Wenn Sie nämlich mit jemandem russisch sprechen, dieser aber kein russisch versteht, dann wird ihre gemeinsame Kommunikation eben nicht besonders erfolgreich sein!!!
Wenn Ihr Hund diese wenigen Grundübungen korrekt beherrscht, dann werden Sie sehr viel Freude mit ihm haben. Es gibt sicher noch einige Übungen mehr, welche interessant sind. So natürlich die Freifolge oder das Hörzeichen „Platz", sozusagen als Notbremse, auf Entfernung. Aber, was auch immer Sie Ihrem Hund vermitteln, bedenken Sie immer, es ist wie bei allen wichtigen Dingen im Leben, Qualität kommt vor Quantität!!!

„Jaster"

Die „Chance“ Welpe

oder

Bin ich mir der Aufgabe bewusst?

Ich kann mich noch genau an den 28. April 1999 erinnern. Das war der Tag, an welchem ich das erste Mal Welpen bekam. Also eigentlich ja nicht ich, sondern meine Hündin. Als meine Zuchthündin Birka, den ersten Welpen zur Welt brachte, meine Hündin Alexis und sie alles professionell erledigte standen mir die Tränen in den Augen. Ich war einfach zutiefst gerührt. Als gut 45 Minuten später ein weiterer Welpe geboren wurde, aber leider nicht lebte, da war mir selbst wie sterben. Bis heute ist jeder Welpe, den eine Hündin zur Welt bringt, für mich ein Geschenk. Ein Geschenk, für welches ich mich verantwortlich fühle! Ich kann Menschen nicht verstehen und ich verachte dieses Verhalten zu tiefst, wenn Hunde ausschließlich aus finanziellem Interesse gezüchtet werden. Wir kennen ja alle die Bilder von irgendwelchen Zuchtfabriken in Osteuropa, aber wenn wir ehrlich sind, dann reicht oftmals auch schon ein Blick nur zum Nachbarn. Ich kenne eine Rottweilerzüchterin, die immer dann, wenn Welpen starben den Verlust in € ausdrückte. Wie abartig und pervers! Hier geht es um Leben!!!

Aber als Züchter hat man es auch nicht immer einfach, zumindest, wenn man seine Sache ernst nimmt und die Hundezucht nicht nur zur Behandlung seiner eigenen Komplexe und Probleme betreibt. Denn mit 8 Wochen heißt es in der Regel Abschied nehmen und zu diesem Zeitpunkt passiert genau das, was für den Welpen so eine Art Schicksalsstunde ist. Wer bekommt mich? So lautet die für den Welpen alles entscheidende Frage. Wenn er gaaaaaaaaaaaaaaanz viel Glück hat, dann ist dieser Tag sein zweiter Geburtstag, mit ein wenig Pech geht aber der richtige Ärger für den Kleinen jetzt los.

Denn leider sind sich eben die wenigsten Menschen der großen Verantwortung, welche sie für ein Lebewesen übernehmen, bewusst. Und ich rede über Verantwortung in jeglicher Hinsicht und für eine Dauer von mal locker im Schnitt 12 bis 13 Jahre.

Der wichtigst Punkt bei der Anschaffung eines Welpen heißt VERANTWORTUNGSBEWUSSTSEIN!!!! Ab dem Tag der Anschaffung ist der neue Besitzer für die physische und psychische Entwicklung des jungen Hundes verantwortlich. Wer von Anfang an einkalkuliert, dass er zur Not den Hund ja auch wieder abgeben kann, der ist vermutlich genau der Typ Mensch, der auch nur deshalb heiratet, weil er weiß, dass es ja zur Not noch die Möglichkeit gibt sich wieder scheiden zu lassen. Und das ist nicht wirklich klug. Zumindest, wenn ich von Beginn an mir das Hintertürchen offen halte, dann investiere ich mich auch nie zu 100% in die Aufgabe. Egal ob diese Aufgabe Hundebesitzer

oder Ehepartner heißt. Und dann kann es eigentlich auch nur daneben gehen.
Deshalb, ich flehe Sie an, setzen Sie nicht aus irgendwelchen unlogischen Gründen Welpen in die Welt!!! Wenn Sie Welpen haben, dann suchen Sie verantwortungsbewusste Käufer und schließen Sie Verträge mit Rückkaufsrecht ab!!! Wenn Sie sich einen Welpen kaufen wollen, dann überstürzen Sie nichts. Lassen Sie sich Zeit und warten Sie erst mal einige Wochen ab. Denn nicht selten trifft man solch wichtige Entscheidungen zu voreilig!!! Bitte, Ihr Hundeverrückten, die Ihr dieses Buch lest: Beginnt mehr Verantwortung zu übernehmen!!! Wir sind es unseren Tieren schuldig!

Ängstliche Menschen, ängstliche Hunde

oder

ein Leben das nicht Lebenswert ist!

Neben dem Trend, dass es immer mehr Hunde gibt, welche in unserer modernen Welt zusammen mit uns Menschen leben, gibt es einen weiteren Trend, welchen ich verfolge. Immer mehr Hunde sind ängstlich! Dies können Ängste sein betreffs Menschen, betreffs anderer Hunde, allgemeine Umweltprobleme, Angst vor Geräuschen oder auch Angst allein zu bleiben. Die Palette läst sich beliebig lange fortsetzen. Man sollte sich aber unbedingt klar machen, dass ein Leben in Angst ein kein lebenswertes Leben ist. Und, man sollte sich natürlich einmal die Frage stellen, woher diese Ängste kommen. Ich bin mir sicher, dass es zwischen der Entwicklung, dass immer mehr Menschen Ängste in jeglicher Hinsicht haben und der Tatsache, dass es unseren Hunden genauso geht, einen engen Zusammenhang gibt. Man könnte von dieser Feststellung auch ableiten, dass wir Menschen unsere Hunde psychisch krank machen. In dem Moment, wo wir all die Fehler machen, welche ich in diesem Buch bisher beschrieben habe, angefangen bei einer unzureichenden Welpenprägung, über die Nichtbeachtung der Grundbedürfnisse, genauso wie der inkorrekte Aufbau einer

Rangordnung, bis hin zu für unseren Hunden unlogischen Trainingsmethoden, schaffen wir Nährboden für psychische Probleme unserer Hunde.

Ein weiteres Problem ist es, dass Hunde immer öfter aufgrund ihrer genetischen Veranlagung bereits von Anbeginn ihres Lebens Angsthasen sind. Warum es diesen Trend in der Hundezucht gibt, dazu will ich im nächsten Kapitel Stellung beziehen und gerne den Zorn der Hundezüchter auf mich lenken. Aber es ist nun einmal die Wahrheit! Es ist beinahe an der Tagesordnung, dass Leute mit Welpen zu uns kommen, welche ängstlich sind. Wenn dazu die frischgebackenen Hundebesitzer noch Neulinge sind und vielleicht auch zunächst nicht bereit sind mit der notwendigen Tiefgründigkeit an die Sache heranzugehen, dann können sie sich vorstellen wie der Fortgang der Geschichte aussieht.

Am heftigsten sind die Fälle, bei denen alle schwierigen Situationen zusammen kommen. Wo also letztlich der von Natur aus ängstliche Hund in einer Familie lebt, welche bewusst oder unbewusst so ziemlich alles falsch macht und dann bei dem zunehmend ängstlicher werdenden Hund noch versucht mit menschlicher Psychologie zu helfen. Nicht selten landen diese Hunde irgendwann als Psychofracks im Tierheim. Dort werden ihre Probleme noch mehr und für so manchen Hund wäre wohl eine Spritze die Erlösung aus einem grauenvollen Leben.

Doch was kann man nun tun gegen die Ängste unserer Hunde? Hier ist es letztlich wie mit allen Dingen im Leben. Das heißt, vorbeugen ist besser als heilen. Und vorbeugen heißt in diesem Zusammenhang als erstes, Augen auf beim Welpenkauf. Vergessen Sie vor allem bei der Anschaffung eines Hundes die Zielstellung billig zu kaufen. Natürlich ist es nicht so, dass teuer automatisch für eine optimale Qualität spricht. Aber definitiv verbietet die Logik, dass billig für eine hohe Qualität bürgt! Und dann prüfen sie bei dem Hundeverkäufer einfach alles und fragen sie den Hundeverkäufer einfach alles. Natürlich nur das, was den Hund betrifft, nicht das Privatleben. Und wenn Sie dann alle Einblicke und alle Informationen eingesammelt haben, dann lassen Sie den Entschluss, ob Sie den Hund kaufen oder nicht, zu 90 % Ihren Kopf und nur zu 10 % Ihr Herz entscheiden. Glauben Sie mir, es ist besser so. Wer womöglich aus Mitleid kauft, der sorgt vor allem dafür, dass dieses Leid immer wieder entsteht. Denn Sie kennen ja das Spiel. Die Nachfrage bestimmt den Handel. Und der Verkäufer forscht sicher nicht nach, warum die Nachfrage stimmt, Hauptsache sie tut es. Letztlich helfen Sie mit Ihrem Mitleidskauf vielleicht einem Hund, aber viel mehr neue Hunde bringt es wieder in die gleiche Situation.

Gehen wir nun davon aus, dass Sie einen Hund gekauft haben, der von seiner Psyche her so ein richtiger kleiner Held ist, dann haben Sie eigentlich nur eine weitere Aufgabe und Sie werden niemals einen ängstlichen Hund bekommen. Auch wenn ich mich wiederhole, halten Sie sich einfach an alles, was Sie bisher in diesem Buch gelesen haben und ich verspreche Ihnen, wenn Sie es schaffen dies auch in die Praxis wirklich umzusetzen, dann werden Sie niemals einen ängstlichen Hund haben.

So, was aber tun, wenn Sie bereits einen Hund haben und dieser ängstlich ist? Zuerst schlage ich Ihnen vor eine gründliche Analyse durchzuführen. Das heißt, wenn Sie nicht genau wissen, warum Ihr Hund ängstlich ist, dann haben Sie auch keine Chance diese Angst zu beseitigen. Wenn Sie auf der Grundlage der hier von mir vermittelten Denkweise festgestellt haben, warum Ihr Hund sich so und nicht anders verhält, dann beginnen Sie mit der Therapie. Wichtige Grundregel bei der Arbeit mit Angsthunden ist es, dass der Hund vor seinem „Helfer" Respekt hat. Wenn Sie in der Rangordnung unter Ihrem Hund stehen, dann können Sie die Hoffnung ihm helfen zu können beerdigen. Denn aus der Sicht des Hundes heißt das, dass Sie eigentlich mehr Probleme haben als er selbst. Und dass er vor Ihnen eben keinen Respekt hat. Und in diesem Fall können Sie ihm auch nicht helfen. Ihnen fehlt einfach die Basis dafür. Und mal ehrlich und die Hand aufs Herz. Würden Sie sich denn von jemand helfen lassen, vor dem Sie keinen Respekt haben? Niemals!!!!

Wenn nun auch dieser Punkt passt, dann gibt es bei der Bewältigung von Angst eine eiserne Regel. Diese Regel gilt sowohl für Menschen wie auch für Hunde. Sie besagt, dass man Ängste nur dann lösen kann, wenn man sich mit ihnen direkt auseinandersetzt. Also, eine Schlangenphobie kann man nur lösen, wenn man mit den Tierchen in direkten Kontakt tritt. Gleiches trifft übrigens auch auf Hundephobien zu. Ich habe schon so manche Hundephobie bei Menschen in kürzester Zeit gelöst. Kein Problem! Auf die gleiche Art löse ich auch Ängste bei Hunden. Es ist dabei oft so, dass sich die Angst zu Beginn der Arbeit noch verstärkt, aber im Laufe des Trainings unaufhaltsam Fortschritte gemacht werden. Viele Ängste lassen sich zu fast 100 % lösen.

Dennoch, auch hier gilt, der Weg führt immer über dem Besitzer!

Über Hundezüchter und Frauen mit Bart

Habe ich Ihnen schon mitgeteilt, dass ich Menschen nicht mag, welche oft lügen? Welche aus Geldgier heraus Hunde züchten? Welche Hunde züchten und als oberstes Zuchtkriterium nicht die Gesundheit und den Charakter des Hundes sehen, sondern kranke und abartige Rassestandards? Wenn nicht, konnten Sie sich das bestimmt denken!!!!

Habe ich Ihnen schon gesagt, dass ich eine Schwäche für schöne und intelligente Frauen habe? Wofür ich Verständnis habe, aber dennoch nicht sagen kann, dass es mir besonders gefällt, sind Frauen mit Bart. Kennen Sie solche? Die haben so einen leichten Schnurbart und zusätzlich auf den Zähnen noch eine Riesen-Matte. Die haben so viele Haare im Mund, dass sie kaum deutlich reden können. Das sind die Frauen, bei denen Du, wenn Du sie etwas fragst und wenn es nur nach der Uhrzeit ist, immer Angst haben musst, dass sie Dich verprügeln. Und weißt Du, was komisch ist? Viele dieser Frauen arbeiten in Tierheimen. Ich konnte den Zusammenhang lange nicht verstehen, aber ich habe recherchiert und geforscht und jetzt weiß ich, warum das so ist.

Aber beginnen wir mit den Hundezüchtern. Da ich selbst so etwas in der Art bin, weiß ich also, worüber ich schreibe. Also, zuerst einmal, man kann selbstverständlich nicht alle über einen Kamm scheren. Also, ich meine nur all die, welche nicht aus dem Grund heraus züchten, dass ihr Interesse an der Zucht ausschließlich davon getrieben ist, die Rasse zu verbessern. Ich meine nur die, welche als oberstes Kriterium ihrer züchterischen Bemühungen, die „Schönheit“ sehen. So nach dem Motto „schön und doof“. Und ich meine nur die, welche mit der Zucht versuchen Geld zu verdienen. Soll ich Euch, welche Ihr Euch jetzt angesprochen fühlt etwas sagen: Seid mal gaaaaa-
aaaaaaaaaaaaaaaaaaaaaaaaaaaaaaaaaaaaaaaaaaaaaaaaa-
aaaaaaaaaaaaaaaaaaaaaaaaaaaaaaaaaaaaaaaaaaaaaaaaa-
aaaaaaaaaaaaaaaaaaaaaaaaaaaaaaaaaaaaaaaaaaaaaaaaa-
aaaaaaaaaaaaaaaaaaaaaaaaaaaaaanz ehrlich, glaubt Ihr dass das, was Ihr tut, irgendeinen höheren Sinn hat? Glaubt Ihr ernsthaft, dass Eure Arbeit den Hunden etwas bringt? Denkt Ihr nicht selbst, dass Ihr mit Eurer Züchterei so wie Ihr sie zurzeit betreibt, mehr an Euch als an Eure Tiere denkt. Ich bitte Euch, denkt nach!!!!!!!!!!! Zeigt, dass Ihr einen gesunden Menschenverstand habt. Muss der Deutsche Schäferhund wirk-

lich in der Hinterhand so stark gewinkelt sein, dass er aussieht wie ein Frosch? Muss die Nase von einem Boxer wirklich so kurz sein, dass er immer mehr Luftprobleme bekommt? Muss die Schnauze vom Pudel wirklich so schmal sein, dass immer seltener alle Zähne darin Platz finden? Nein, jetzt bitte ich Euch nicht mehr, sondern ich fordere Euch auf: Strengt Eure Köpfe an und dann ändert etwas! Jetzt!!!!!!! Übrigens, bei Ausstellungen geht es eh in erster Linie nach dem, der an der Leine hinten dran läuft. Es geht um Beziehungen! Versteht Ihr das!? Also stellt Euch aufs Neue eine wichtige Frage: Warum züchte ich? Bitte überdenkt Eure Einstellung!

Vor einiger Zeit bekam ich aus einem Tierheim in unserer Nähe einen Hilferuf. Ob ich denn nicht ein paar aggressive Hunde zu mir nehmen kann, das Tierheimpersonal traut sich nicht mehr heran. Ich fuhr zu diesem Tierheim und verschaffte mir vor Ort einen Überblick über die Situation. Es war erschreckend! Und das ist noch milde ausgedrückt. Mehrere Hunde konnten, außer von einer Person, gar nicht mehr aus dem Zwinger gelassen werden, da sie mehrfach gebissen hatten und sich äußerst aggressiv verhielten, wenn man nur in die Nähe ihrer Zwinger kam. Und selbst diese eine Person wurde bereits mehrfach gebissen und traute sich nur noch gepolstert an diese Hunde heran. Ich sprach mit dem Pfleger und auch mit der Leiterin des Tierheimes und ergründete so die Ursachen für die chaotischen Zustände. Und diese lagen auf der Hand. Das Erschreckendste war, dass alle aggressiven Hunde erst im Tierheim so wurden. Als sie in die „geschlossene Anstalt" eingeliefert wurden, hatten sie noch keine Macke, sie haben diese erst dort bekommen. Und die Ursache: Diese liegt in dem krankhaften Wahn der Tierheimleitung der barmherzigen Samariter sein zu wollen. Der tolle Hundeversteher. Der liebe Gott der Caniden. Gegen alle Regeln des Umgangs mit Hunden wurden verstoßen und auch gegen alle Regeln des Umgangs mit Menschen. Aber so läuft das nicht. Es reicht einfach nicht alle Hunde lieb zu haben und sich selbst einzureden, was man für ein super Hundemensch ist! Die Realität, das Chaos vor Ort sprach eine andere Sprache. Ich versuchte zu helfen und schnell änderte sich das Verhalten der Hunde. Aber letztlich war ich nicht in der Lage wirklich Veränderungen in diesem Heim zu erzielen. Denn als die Heimleiterin merkte, dass ihre Art und Weise mit den Hunden umzugehen in Frage gestellt wurde, wollte sie nicht mehr, dass ich wiederkomme. Na, so was? Ich verstand die Welt nicht mehr, aber dann verstand ich sie doch! Es ging bei dieser Person wie bei leider viel zu vielen Tierheimmitarbeiterinnen bzw. Leiterinnen weniger darum den Tieren zu helfen als viel mehr dem eigenen Ego eine Extrapolitur zu verschaffen. Das ist sehr schade und vor allem sehr schlimm für die Tiere!!! Denn eigentlich sollte es um deren Wohl gehen!!!!!! Aber Pustekuchen! Ich möchte auf keinen Fall, dass hier der Eindruck entsteht, dass in allen Tierheimen aus Hunden Problemhunde werden. Ich weiß auch, was teilweise in Tierheimen für ein aufopferungsvoller Einsatz gezeigt wird. Aber all dieser Einsatz ist kein Freibrief dafür modernes kynologisches Wissen zu ignorieren. Ich habe mehrfach Tierheimen meine kostenlose Hilfe angeboten, sie haben sie nie angenommen. Und das aus Angst selbst nicht mehr der Oberhelfer zu sein! Meine Damen, es geht nicht um Euch, sondern um die Hunde! Bekommt das in die Birne!!!

Heiko mit „Eastwood"

Der ultimative Test

Nichts liebe ich mehr, wenn ich bei meinem Friseur darauf warte bald an der Reihe zu sein, als das Absolvieren von irgendwelchen Tests in Frauenzeitschriften. Diese Tests bringen oft ganz außergewöhnliche Dinge an das Tageslicht und regen unglaublich zum Nachdenken an.

Ich hätte zum Beispiel nie gedacht, dass ich der ideale Frauenversteher bin und auch einer Karriere als Alleinunterhalter hätte demnach nichts im Wege gestanden. Und so habe ich mir gedacht, dass ein Test in meinem Buch auf keinen Fall fehlen darf. Natürlich ist mein Test, der ultimative Test, mit dem Thema: Wie glücklich und zufrieden ist mein Hund mit mir? Beantworten Sie einfach die nächsten 10 Fragen mit ja oder nein, zählen Sie Ihre „Ja's", addieren Sie diese und schon können Sie in der Auswertung nachlesen wie Sie als Hundebesitzer in den Augen Ihres Vierbeiners abschneiden. Viel Spaß!!!

1. Sind Sie ruhig, konsequent und gut gelaunt?
2. Ermöglichen Sie Ihrem Hund täglich mindestens 16 Stunden Ruhe und Schlaf in einem stressfreien Bereich?
3. Gehen Sie jeden Tag mindesten 2-mal eine Stunde spazieren?
4. Arbeiten Sie Ihren Hund mindestens 5-mal pro Woche geistig aus?
5. Ermöglichen Sie es Ihrem Hund wenigstens 2- bis 3-mal pro Woche mit einem anderen Hund für ca. 30 Minuten frei zu spielen?
6. Achten und schätzen Sie Ihren Hund als Tier oder vermenschlichen Sie ihn von Zeit zu Zeit und legen an seinem Verhalten menschliche Maßstäbe an?
7. Führen Sie Ihren Hund 24 Stunden täglich?
8. Können Sie Ihren Hund mit gutem Gewissen frei laufen lassen, weil Sie sich sicher sind ihn in jeder Situation abrufen zu können?
9. Können Sie versichern, dass Ihr Hund frei von Aggressionen gegenüber Menschen, Hunden bzw. anderen Tieren ist?
10. Sind Sie bereit an Ihren eigenen Schwächen zu arbeiten?

So, und hier ist nun die Auswertung:

9 - 10-MAL JA:
Herzlichen Glückwunsch, Ihr Hund könnte kein besseres Herrchen bzw. Frauchen erwischt haben.

7 - 8-MAL JA:
Das sieht doch schon einmal nicht schlecht aus. Sie haben zwar noch diverse Reserven, aber Ihr Vierbeiner hätte es auch schlimmer treffen können. Bleiben Sie weiter dran und versuchen Sie Ihre Stärken zu festigen und Ihre Schwächen zu beseitigen.

4 - 6-MAL JA:
Vielleicht ist ein Hund ja doch nicht das ideale Haustier für Sie? Denken Sie noch einmal darüber nach, ob Sie nicht bereit sind sich als Hundebesitzer zu verbessern. Sie sind es Ihrem Hund schuldig!

1 - 4-MAL JA:
Verkaufen Sie Ihren Hund in wirklich gute Hände und kaufen Sie sich eine Katze oder ein Kaninchen!

Na, wie haben Sie abgeschnitten? Nicht so berauschend? Ich schlage Ihnen einen Deal vor. Beginnen Sie noch heute das in meinem Buch gelesene umzusetzen. Erstellen Sie sich eine Handlungsliste und los geht es. Und dann machen Sie den Test in vier Wochen noch einmal. Mal schauen, vielleicht schneiden Sie dann ja schon viel besser ab?!

Unglaubliche Stories über unglaubliche Hunde und unglaubliche Menschen

Kennen Sie den Spruch: „Je mehr Menschen ich kennenlerne, umso mehr liebe ich meinen Hund!“? Ich muss ehrlich sagen, dass die negativen Erfahrungen, welche ich in meinem bisherigen Leben mit Menschen gemacht habe, in keinem Verhältnis stehen zu den negativen Erfahrungen, welche ich mit Hunden gemacht habe. Und dazu kommt ja dann auch noch, dass hinter den Negativerfahrungen mit Hunden zu 99,9 % wiederum ein Mensch steht. Kurz und knapp, ich kann das Sprichwort verstehen, aber dennoch trifft es auf mich nicht zu. Denn ich liebe es mit Menschen zu arbeiten. Und ich verfolge dabei ein großes Ziel. Und dieses Ziel wiederum treibt mich unaufhaltsam an. Die Philosophie meiner Schule ist es „Brücken zu bauen zwischen Mensch und Hund“. Und diese Philosophie ist Verpflichtung und Ziel gleichermaßen. Und bei diesem Ziel geht es mir nicht darum viel Geld zu verdienen. Es geht mir auch nicht um Ruhm, na ja, höchstens ein ganz klein wenig. Nein, es geht mir darum die Welt unserer Hunde zu verbessern. Ihr Leben zu verbessern und unser Zusammenleben mit ihnen. Der liebe Gott hat mir Fähigkeiten gegeben, so wie ich glaube, dass er jedem bestimmte Fähigkeiten gegeben hat, die mir die Chance dafür bieten meine Pläne zu verwirklichen. Dafür bin ich Gott dankbar! Und sollte in diesem Buch, aufgrund meiner Schreibweise ein Zweifel daran entstehen, dass ich Menschen liebe, so ist das nicht gewollt. Aber Ehrlichkeit steht an oberster Stelle und daher müssen diese Dinge angesprochen werden. Und es muss sich ja niemand angesprochen fühlen, weder ein Hundebesitzer, noch ein Züchter. Kein Futtermittelfabrikant und auch kein Tierheimleiter. Aber sollte er feststellen, dass die Worte, die er hier liest, vielleicht doch teilweise auf ihn zutreffen und sollte er durch dieses Buch zum Nachdenken kommen und vielleicht auch dazu Dinge zu ändern, dann wäre ein großer Schritt getan.

Große Schritte zu tun, dazu bringen uns unsere Hunde sehr oft. Ich möchte Ihnen nun einige Geschichten erzählen, welche genauso wie Sie diese gleich lesen werden, passiert sind.

Beginnen möchte ich mit einer Geschichte, welche der Beleg ist, was Menschen alles schaffen können, wenn sie bereit sind etwas zu tun. Eine Geschichte die stellvertretend steht, für alle Vorzeige-Mensch-Hund-Teams, welche in meiner Schule entstanden sind:

ROCKY

Rocky ist ein schwarzer Labrador. Einer von denen, mit welchen es die Natur besonders gut gemeint hat, denn als die Charaktereigenschaften verteilt wurden, da hat er bei Mut und auch bei Temperament eine doppelte Portion abbekommen. Sehr zum Leidwesen oder soll ich vielleicht lieber schreiben, sehr zur Herausforderung für seine Besitzer?

Ich lernte die drei zur Welpenprägungsstunde kennen, zu diesem Zeitpunkt war Rocky 9 Wochen alt. Ich erinnere mich genau daran, als sie das erste Mal da waren. Zu Beginn der Stunde lassen wir die Hunde immer 10 Minuten miteinander unter der Einhaltung einiger Regeln spielen. Als alle Welpen abgeleint waren, versteckte sich Rocky hinter einem Schild. Ich dachte, die armen Leute. Was haben die sich nur für einen kleinen Schisser angeschafft! Doch nach einigen Minuten kam Rocky wie von einer Tarantel gestochen hinter seinem Versteck hervorgeschossen und spielte mit den anderen Welpen auf seine Art. Sozial, aber hart und dominant. Als die drei die darauffolgende Woche zur Welpenstunde kamen, stellten sie mir in der Fragerunde die folgende Frage: „Was mache ich denn, wenn mein Hund sich beim Spielen in meiner Hose oder in meinem Finger verbeißt und nicht mehr loslässt?" Wenn jemand diese Frage stellt, dann läuten bei mir sofort die Alarmglocken. Ich fragte die beiden, wie sie sich verhalten, wenn Rocky dieses Verhalten zeigt und sie antworteten mir, dass sie mit ihm schimpfen, aber daraufhin dieses Verhalten sich nur noch verstärke. Hmmmm, das ist ein häufiges Problem von Welpenbesitzern und glauben Sie mir: Es spricht von allem anderen als Respekt gegenüber der Person, welche er knechtet. Ich konnte mir vorstellen, was dieser „Ich übertünche Probleme mit Ablenkungen-Heini" im TV raten würde. Aber da ich weiß, dass Probleme zu lösen sind und es nichts bringt diese zu überspielen, erklärte ich ihnen was sie tun sollten. Als sie eine Woche später wieder da waren, strahlten die beiden über das ganze Gesicht. Sie hatten den ersten Kampf mit ihrem Hündchen gewonnen. Es folgten sicher noch einige mehr, aber mit viel Einfühlungsvermögen und zunehmend auch mit fachlichem Wissen war es kein Problem mehr diese zu meistern. Inzwischen ist Rocky knapp ein Jahr, und er und seine Besitzer sind bereits soweit, dass ich sie des Öfteren als positives Beispiel zu Veranstaltungen mitgenommen habe. Rocky zeigt sich immer freudig, aber kontrolliert. Er ist ausgeglichen und gehorsam und vor allem nicht überdreht. Nach der Welpenzeit absolvierten die drei bei mir zwei Trainingskurse sowie eines meiner Seminare, in denen es um Persönlichkeitstraining geht. Inzwischen sind sie in einer unserer Sportgruppen in welchen wir einen Mix aus Agility, Unterordnung und Fährtenarbeit anbieten. Und auch da wissen sie zu begeistern.

Das aus Rocky so ein toller Hund geworden ist, das ist kein Zufall. Michael und Susann, das habt ihr toll hinbekommen! Seid stolz auf Euch!!!

LUCKY BOY

An einem Sonntag, so gegen 12.00 Uhr, klingelte es bei mir an der Tür. Ich dachte, das kann doch nicht wahr sein. Hat man denn nicht einmal Sonntagmittag seine Ruhe. Ich ging wenig begeistert zur Tür und draußen stand ein mir nicht bekannter Mann. Er entschuldigte sich nicht für die Störung, meinte aber es dauere nur eine Minute. Und zwar hätte er einen Hundewelpen aufgenommen und er glaube, dass aus diesem vielleicht mal so etwas wie ein Labrador werde. Und ob ich ihm mal sagen könnte, ob das so ist. Schließlich hätte ich doch schon Labi-Welpen gehabt. Na gut, dachte ich, dann gucken wir eben einmal schnell, wobei die Betonung auf schnell liegt! Denn es war ja Sonntagmittag und ab und zu, wenigstens mal so für ein halbes Stündchen, braucht ja jeder einmal seine Ruhe. Wir gingen also zum Parkplatz und als ich den kleinen Welpen sah, da musste ich von Herzen lachen. Das, was ich sah, war klein, schwarz, mega lustig, sehr gut drauf, aber mit Sicherheit kein Labrador. Ich fragte den Mann, wie alt denn der Hund sei und ob er ihn schon mal gewogen hätte? Er sagte, er denke, der Hund ist so an die 10 Wochen und er hätte ihn gestern gewogen und sein Gewicht läge so bei knapp 950 Gramm. 950 Gramm? Das sind ja nicht mal 4 Stück Butter!!! Ich sagte ihm, dass ein Labrador in diesem Alter beinahe das 10-fache wiegt, also so an die 40 Stück Butter! Und dass, wenn er viel Glück hätte, aus dem Welpen mal ein Dackel wird, dass betreffs der Größe aber nicht mehr zu erwarten ist. Schließlich kommt es aber auf die Größe auch nicht an, sondern auf den Charakter. Und der scheint bei dem Kleinen ja zu stimmen. Mit diesen Worten versuchte ich den Typ zu besänftigen, da seine Laune im Keller war. Er wolle schon immer einen schwarzen Labrador, und jetzt...! Tja, ich sagte ihm, da könne man nichts machen. Ich fragte ihn, wie er denn zu dem Hund gekommen sei. Und da erzählte er mir eine unglaubliche Geschichte. Die Tochter einer Nachbarin, ein 13-jähriges Mädchen, wäre im Wald spazieren gewesen und hätte ein Wimmern gehört. Daraufhin hätte sie gesucht, wo das Geräusch herkommt und einen Pappkarton gefunden. In diesem saß ein höchstens 6 Wochen alter Welpe. Sie nahm den Hund mit zu sich. Da sie aber wusste, dass ihre Eltern ihr niemals erlauben würden, den Hund zu behalten, sperrte sie ihn in einem Schuppen und „betreute" ihn. So ging das einige Wochen, dann bekamen die Eltern Wind von der Sache und ordneten an, dass der Hund sofort weg müsse. Durch Zufall landete er dann beim Nachbarn, der glaubte durch ihn, übrigens er hieß Spike, endlich billig zu einem Labrador gekommen zu sein. Und jetzt meine Hiobsbotschaft!

Als der Mann von meinem Parkplatz fuhr, hatte ich ein ungutes Gefühl. Und dieses bestätigte sich bereits am nächsten Tag. Er rief mich an und sagte mir, dass seine Tochter in der letzten Nacht einen gaaaaaaanz schlimmen Asthmaanfall hatte und dass sie eben vom Arzt kämen. Dieser wiederum hätte festgestellt, dass Spike der Schuldige ist, dass Mädchen hätte eine schlimme, schlimme, schlimme Hundehaarallergie und der Hund müsse sofort weg. Und, ob ich nicht helfen könne, sonst müsse er ihn in das Tierheim schaffen. Aber das kostet ja Geld? Am liebsten hätte ich den Kerl durch das Telefon gezerrt, denn man kann mir viel erzählen, aber dass diese Story frei erfunden war, das lag ja wohl auf der Hand! Aber was nun? Der Hund tat mir leid, sehr leid sogar! Also bat ich Mr. Labrador seinen Spike wenigstens noch bis morgen zu behalten und ich würde versuchen einen Platz für ihn zu finden. Er willigte ein, sagte aber, wenn ich in den nächsten 24 Stunden nicht helfen könne, schaffe er den Hund ins Tierheim. Also begann ich zu telefonieren. Ich wusste, dass einige Leute bei uns in letzter Zeit nachgefragt hatten, weil sie einen Hund suchen. Aber keiner wollte ihn! Dem einen war er zu schwarz, dem anderen zu klein, dem nächsten zu jung...! Es war wie verhext, ich konnte einfach keine Stelle finden. Ich dachte nur, dass, wenn dieser kleine Hund, nach allem, was er in seinem kurzen Leben bereits durchgemacht hat, jetzt noch ins Tierheim kommt, dann zerstört das den Hund komplett. Aber, ich kann einfach nicht helfen und wenn ich letztlich jeden Hund, der in Not ist, selbst behalte, dann kann ich selbst bald ein Tierheim eröffnen. Der nächste Tag kam und der Mann, welchen ich inzwischen nicht mehr ersehen konnte, fuhr ein. Ich lief ihm entgegen um zu sagen, dass ich nicht helfen könne. Doch als ich begann zu sprechen, sagte ich andere Worte. Ich schwöre ungewollt!?!?!? Ich sagte, gib ihn mir, ich behalte ihn! Und Schwuppdiwupp hatte ich ihn auch schon auf meinem Arm und der Typ fuhr vom Hof! Ich dachte, oh weh, was hast du nur wieder getan. Was willst du denn mit diesem kleinen Furz. Aber umso länger ich mir den Kleinen so ansah und je länger ich ihn beobachtete und seine offene und sicherer Art bewunderte, umso mehr begeisterte dieser Hund mich. Als erstes gab ich ihm einen neuen Namen, denn alles was an „gestern“ erinnert, wollte ich vergessen machen. Ich war der Meinung, dass „Lucky Boy“ der Name ist, der am meisten passt. Lucky ist heute einer meiner liebsten Hunde. Er steht von seiner geistigen Größe her, meinen körperlich großen Hunden in nichts nach. Inzwischen wurde in Zeitungen viel über ihn berichtet, er hat als Therapiehund gearbeitet, kommt bei meinen Persönlichkeitsseminaren zum Einsatz und sogar unser Shop „Lucky's Welt“ war nach ihm benannt. Und inzwischen, wie es im Leben so ist, wollen ständig irgendwelche Leute LB haben. Aber, inzwischen ist er unverkäuflich!!! Ach ja, und ob Sie es glauben oder nicht. Das Mädchen mit der Hundehaarallergie war einige Tage später wie durch ein Wunder geheilt. Da kam der nette Herr nämlich plötzlich mit einem schwarzen Labrador an. Unglaublich, aber wahr!!!

THEO

Die Geschichte des American Bulldog Theo ist mit Sicherheit Drehbuch reif. Aber leider ist sie absolut beispielhaft dafür, dass oft Hunde herhalten müssen, damit verrückte Menschen ihr Ego aufpolieren können. Vor einigen Monaten, es ist noch nicht allzu lange her, da meldete sich eine Frau mit ihrem American Bulldog bei mir zum Erstgespräch an. Sie sagte mir, dass ihr American Bulldog extrem aggressiv auf andere Hunde reagiere und auch in der Familie bereits einmal zugebissen hätte. Als sie dann zu unserem Termin kam, da hörte ich ihren Vierbeiner bereits im Auto toben, als sie in mein Gelände einfuhr. Ich machte es dann so wie ich es immer mache. Ich lasse den Hund erst mal im Auto und gehe mit den Leuten ins Haus und höre mir deren Story an. Theos Story hat mich besonders berührt. Er war zu diesem Zeitpunkt ca. drei Jahre alt und im Besitz der jungen Frau war er seit ca. 1 Jahr. Sie hatte Theo aus einem Gnadenhof und dorthin wurde er von Jugendlichen aus der rechten Szene abgegeben. Da Theo bei seiner Abgabe an den Gnadenhof viele Narben und Verletzungen hatte, recherchierte eine Mitarbeiterin und fand Entsetzliches heraus. Theo wurde zu Hundekämpfen in der rechten Szene missbraucht. Als ich das hörte, lief es mir eiskalt den Rücken hinunter. Zu welch abartigen Dingen sind Menschen nur fähig!? Als die jetzige Besitzerin Theo in dem Gnadenhof sah, da war es eben Liebe auf den ersten Blick. Und die Frau sagte selbst: „Das Herz hat über den Verstand gesiegt!" Also nahm sie Theo mit zu sich nach Hause. Und viele Dinge funktionierten besser als erwartet. Allerdings gab es zwei grundlegende Probleme. Erstens reagierte Theo extrem auf andere Hunde. Und zweitens zeigte er sich auch in der Familie teilweise dominant. So packte er den Vater der jungen Besitzerin einmal am Arm. Zum Glück trug dieser zu jenem Zeitpunkt eine Lederjacke, so dass sich die Verletzung in Grenzen hielt. Das Verhalten gegenüber anderen Hunden wurde immer schlimmer und so wandt die Dame sich letztlich an mich.

Ich schaute mir die Frau und anschließend Theo gründlich an. Ich analysierte alles und teilte der Frau mit, welchen Plan ich letztlich hätte. Ich sagte der Frau, dass sie mit Sicherheit an ihre Leistungsgrenzen gehen müsse, vielleicht auch darüber hinaus! Doch letztlich hatte sie ja keine andere Chance. Die ersten Trainingsstunden waren anstrengend. Wir machten konkrete Pläne, was alles zu Hause verändert werden müsse. Dann lernten wir Theo eine vernünftige Leinenführigkeit und mit dieser als Fundament wagten wir uns an die ersten gezielten Hundebegegnungen heran. Aber diese verliefen katastrophal!!! Die anderen Hundebesitzer hatte Angst um ihre Hunde und es stand die Frage im Raum, ob es nicht besser wäre Theo einzuschläfern. Denn letztlich ist er eine große Gefahr für seine Umwelt. Und bei seiner Reaktion auf andere Hunde hatte Theo nur einen Gedanken: Töten! Ich nahm Theo dann selbst bei einigen Hundebegegnungen und dabei zeigte er auch mir gegenüber aggressive Tendenzen. Was nun? Ich vereinbarte mit der Besitzerin, dass ich Theo einige Tage mit zu mir nehmen würde um ihn tiefer kennen zu lernen und nach

Wegen der Abhilfe zu suchen. Und ich fand einen Weg und zwar ohne Starkzwänge!!!! Allerdings fragte ich mich in dieser Zeit öfter, was wohl unsere Freunde aus der Wattebällchenabteilung mit Theo gemacht hätten. Schade, solche Fälle sieht man nicht im Fernsehen.

Als es bei mir perfekt klappte und Theo auf andere Hunde beinahe gar keine Reaktion mehr zeigte, begann ich wieder mit seiner Besitzerin zu arbeiten. Und der Frau gelang es, dafür meinen tiefen und aufrichtigen Respekt, alles so umzusetzen wie ich es ihr vorgab. Und siehe da, Theo änderte sich.

Noch heute ist jeder Tag wieder eine neue Herausforderung. Und das wird auch immer so sein. Doch mit absoluter Präsenz ist Theo perfekt kontrollierbar. Inzwischen beherrscht Theo sogar Hundebegegnungen in Freifolge. Theo ist ein anderer Hund, ein fantastischer Hund!

Diese Geschichten sollen zeigen, was für verrückte Dinge mitunter passieren. Alle diese Episoden hatten ein Happy End, nur leider ist das nicht immer so, sondern im großen Maßstab gesehen wohl eher im kleineren Teil. Aber auch hier zeigt sich das, was ich in meinem Buch immer wieder versuche zu verdeutlichen. Wir Menschen müssen einfach mehr denken!!!

Einige Gedanken zum Schluss

So, jetzt haben Sie es fast geschafft. Sie haben es tatsächlich durchgehalten dieses Buch bis zu Ende durch zu lesen! Ich bin begeistert!!!
Ich möchte Ihnen noch einige Worte mit auf den Weg geben. Ich weiß, dass meine Worte mitunter sehr hart klingen, aber das ist nicht wirklich so. Das kommt Ihnen nur deshalb so vor, weil sie es einfach nicht mehr gewohnt sind, sich einmal schonungslos mit der Realität auseinanderzusetzen. Nun haben Sie es aber getan und ich hoffe in Ihnen tatsächlich einen Stein der Veränderung ins Rollen gebracht zu haben. Ich wünsche mir das von ganzen Herzen, zum einen für unsere Hunde, zum anderen aber auch für Sie selbst!
Ein toller Spruch lautet: „Wer immer weiter das tut, was er schon immer getan hat, der wird auch immer weiter das bekommen, was er schon immer bekommen hat!“ Und deshalb beginnen Sie jetzt neue, andere Wege zu gehen. Und denken Sie immer daran, Ihr eigenes Schicksal, aber auch das Schicksal unserer Hunde, liegt in Ihrer Hand!
Und wer weiß, vielleicht lernen wir uns ja einmal in meiner Schule oder aber bei einem meiner Seminare persönlich kennen? Ich würde mich freuen!

Heiko Münzner

Danksagung

Seit einiger Zeit schon war es mir ein Bedürfnis endlich mein eigenes, erstes Buch auf den Markt zu bringen. Es ist für mich eine unglaubliche Freude, dieses nun in Vollendung vor mir liegen zu haben. Ich habe all mein Wissen und mein Herzblut in dieses Werk gesteckt. Und so ist es auch eine Art Abschluß für eine bestimmte Lebensphase für mich geworden.

Denn, ich fühle mich angekommen an einer Stelle in meinem Leben, an der sich Wertigkeiten und Prioritäten immer mehr verschoben haben. Verschoben zu einem Leben in Einklang mit der Natur. Weg von den einengenden Grenzen, welche die meisten Menschen in Ihren Köpfen haben. Grenzen, die vorgegeben werden von einer mehr als fragwürdigen Gesellschaft. Eine Gesellschaft, in der kein Platz für Querdenker ist. Eine Gesellschaft, bei welcher man sich die Frage stellen muss, ob man diese unseren Hunden genau wie unseren Kindern zumuten kann.

Dieses Buch ist ein Abschluß für eine Lebensphase und ein Start in einen neuen Lebensabschnitt hinein.

Dass ich heute der Mensch bin, der ich bin und somit auch dieses Buch mit uneingeschränkter Ehrlichkeit und Direktheit geschrieben habe, verdanke ich einer ganzen Reihe von Menschen. Diesen Menschen möchte ich diese Stelle in meinem Buch widmen:

Rosemarie und Heinz Münzner, meine lieben Eltern, Euch gilt mein erster Dank.
Meine liebe Mama: Wenn es einen Menschen gibt, bei dem ich mir 100 % sicher bin, dass er irgendwann im Himmel und ganz sicher nicht in der Hölle landen wird, dann bist Du es. Es gibt keinen Menschen, der auch nur im Ansatz so uneigennützig und demateriell ist wie Du. Danke für alles!
Mein lieber Papa, ich weiß, dass Du es nicht immer leicht mit mir hattest und auch heute nicht hast, aber glaube mir, ich genieße nichts so sehr wie in Zweisamkeit mit Dir gemeinsam unterwegs zu sein. Ihr beiden, ICH LIEBE EUCH!!! Ich verdanke Euch alles. Ihr habt mich immer unterstützt und nur durch Eure Hilfe habe ich es bis hierher geschafft. Danke!!!
Mario, mein lieber Bruder, Dich und Deine geniale Familie liebe ich heute mit jedem Tag mehr. Ihr habt mir gezeigt wie eine Familie auch in der heutigen Zeit mit vernünftigen Werten leben kann. Ihr gebt uns in vielen Dingen ein Beispiel!
Meine liebe Tante Sieglinde, Dein Tod hat in mir so manches verändert. Noch heute denke ich zurück an die Zeit, in der Du mir lesen und so manch anderes beigebracht hast. Du warst eine bemerkenswerte Frau und ich werde Dich niemals vergessen und Dich für immer in meinem Herzen
tragen!

Meine lieben Schwiegereltern, Claudia und Peter, Danke, dass Ihr uns immer unterstützt und immer ein offenes Ohr für uns habt!
Ich bedanke mich bei Anthony Robbins. Ich habe jedes seiner drei Bücher inzwischen mehrfach gelesen. Seine Lektüre hat mich verändert!
Ich bedanke mich bei Stephan Weidner. Seine Texte und seine Musik begleiten mich seit 20 Jahren. Es gibt so unzählige Parallelen zwischen unseren Gedanken, dass es mir manchmal Angst und Bange wird. Stephan, Danke, denn Du hast mich schon tausendmal getröstet, motiviert und zum Nachdenken gebracht!
Ich möchte mich ausserdem bei Franz Münzner bedanken. Ich wäre Dir gerne ein besserer "Ziehvater" gewesen, aber sorry, ich war damals noch nicht so weit.
Ich möchte mich weiterhin bei Marielle Freund bedanken, für die Unterstützung an diesem Buch, sowie für Ihre Loyalität, auch in harten Zeiten. Genau aus diesem Grund möchte ich mich auch bei Anja Kaufmann bedanken.
Ein besonderer Dank gilt Karin Opitz. Sie hat mir vor einiger Zeit klar gemacht, dass ich zwar vielleicht ein guter Hundetrainer bin, aber ein mieser Betriebswirt. Dank Ihrer Hilfe haben wir daran aber einiges geändert!

Natürlich möchte ich mich auch bei all unseren Kunden bedanken, welche bereit sind sich zum Wohle ihres Hundes zu ändern.
Camacho, Lucky Boy, Luna, Glenn und Twister: Ihr seit meine Vierbeiner, ich schätze Euch und verspreche Euch, dass ich alles dafür tun werde die Welt der Hunde zu verbessern.
Eastwood, für alle Erfahrungen, welche ich durch die Zeit mit Dir sammeln konnte.
Ranger, Biggy, Birka, Reika, Alexis, Dux, Asta! Euer Tod hat dazu geführt, dass auch ich ein wenig gestorben bin. In meinem Herzen lebt Ihr für immer weiter.
Meine liebe Bessy, ich bin für immer in Deiner Schuld! Du warst der Hund meines Lebens!

Am 21. Juni 2009 habe ich das erste Mal seit langem geweint. Und es waren Tränen der Freude. An diesem Tag kam meine über alles geliebte Tochter Holly Estefania Cheyenne zur Welt. Dein Lächeln schickt Sonne in mein Herz. Liebe Holly, ich danke Dir, dass Du da bist. Und ich verspreche Dir: Dein Papa wird immer für Dich da sein!

Der größte Dank aber gilt meiner großen Liebe, meiner Frau Anja. Nicht nur, weil sie mich bei der Arbeit an diesem Buch unterstützt hat. Nein, weil Du einfach nur da bist und so bist, wie Du eben bist.

Ich war auf der Suche nach meiner Traumfrau und alle sagten mir, dass es ein solches Wunderwesen, wie ich es erwarte, nicht gibt. Doch weit verfehlt, denn Du liebe Anja bist bei weitem ein noch größeres Wunder. Ich liebe Dich von ganzem Herzen, für alles, was Du jeden Tag für mich tust. Du hast mich gelehrt, was es heißt zu lieben, zusammenzuhalten und zu verzeihen. Laß uns gemeinsam die Welt verändern! Ich liebe Dich!!!

Mein letzter Dank gilt Gott, von dem ich schon immer überzeugt war, dass es ihn gibt, nur lange Zeit nicht wußte wie ich ihn in meinem Leben unterbringen sollte. Ich möchte dieses Buch mit einem Gebetstext beenden:

Gott,
bitte gib mir die Gelassenheit,
Dinge hinzunehmen die ich nicht ändern kann,
den Mut Dinge zu ändern die ich ändern kann und
die Weisheit das eine von dem anderen zu unterscheiden.

In diesem Sinne, leben Sie wohl und Gott segne Sie!

Heiko Münzner

Hundezentrum Münzner

Heiko Münzner bildet in seinem Hundezentrum gemeinsam mit seiner Frau Anja Blindenführhunde aus. Außerdem arbeitet er als Persönlichkeitstrainer der etwas anderen Art. Er gibt Seminare und Einzelunterricht und verbindet dabei die Arbeit an der eigenen Persönlichkeit und die Arbeit am Hund. Nur auf diese Art, da ist sich Heiko Münzner sicher, kann eine langfristige Veränderung erzielt werden.
Des weiterem gehört zum Hundezentrum eine Familienhundeschule welche von Erik Wülfert, einem ehemaligen Schüler Münzners geleitet wird.

Heiko Münzner
Carolathal 26-28
08359 Breitenbrunn
Deutschland

Tel. 037756 – 799 17
Fax. 037756 – 799 18

www.h-z-m.de
info@h-z-m.de

Wie werde ich Rudel"chef"?

Das Seminarhighlight mit Heiko Münzner Persönlichkeitstraining mit Hunden.

Bei Interesse als Veranstalter des Seminars oder als Teilnehmer, nehmen Sie Kontakt mit dem Hundezentrum Münzner auf.